普通高等教育土木工程专业新形态教材

工程建造智能化管理实践

龙武剑　罗启灵　主　编
蒋卫平　吴环宇　副主编

U0227668

清华大学出版社
北京

内 容 简 介

本教材以信息技术、物联网和大数据等技术在工程建造中的应用为背景,详细介绍了智能化管理的理论与实践。本教材共分 10 章。第 1 章全面介绍了行业背景,为读者提供对行业背景的全面了解。第 2 章阐述了智能化管理的总体架构和相关模块划分,使读者对智能化管理的整体框架有更清晰的认识。第 3 章介绍了多个关键技术,为读者提供智能化管理中的技术基础知识。第 4 章至第 9 章分别以不同类型的工程为例,通过具体案例展示智能化管理在不同领域中的实践效果。第 10 章介绍了碳排放智能化管理平台的应用案例,为读者提供工程项目中实现碳排放智能化管理的实际方法。本教材适合土木工程类和土建类高等院校本科生使用,也可作为有关工程技术人员的参考用书。

图书在版编目(CIP)数据

工程建造智能化管理实践 / 龙武剑,罗启灵主编.
北京 : 清华大学出版社,2024. 8. -- (普通高等教育土
木工程专业新形态教材). -- ISBN 978-7-302-67106-0

Ⅰ. TU71-39

中国国家版本馆 CIP 数据核字第 2024J711U9 号

责任编辑:王向珍 王 华
封面设计:陈国熙
责任校对:欧 洋
责任印制:刘海龙

出版发行:清华大学出版社
　　　　网　　　　址:https://www.tup.com.cn,https://www.wqxuetang.com
　　　　地　　　　址:北京清华大学学研大厦 A 座　　　　邮　　编:100084
　　　　社 总 机:010-83470000　　　　　　　　　　　邮　　购:010-62786544
　　　　投稿与读者服务:010-62776969,c-service@tup.tsinghua.edu.cn
　　　　质量反馈:010-62772015,zhiliang@tup.tsinghua.edu.cn
印 装 者:涿州汇美亿浓印刷有限公司
经　　销:全国新华书店
开　　本:185mm×260mm　　印　张:12.75　　　　　　字　　数:310 千字
版　　次:2024 年 8 月第 1 版　　　　　　　　　　　 印　　次:2024 年 8 月第 1 次印刷
定　　价:45.00 元

产品编号:106774-01

编委会

前 言
PREFACE

随着现代社会信息技术、物联网、大数据等领域的蓬勃发展,工程建造智能化管理成为推动建筑行业提升效能及管理质量的重要引擎。目前,基于过往技术手段和传统管理模式编写的工程建造管理教材,已无法满足新时代智能化管理对人才培养的需求。

本教材围绕工程建造智能化管理的理论基础及关键技术,采用大量不同类型的工程案例,理论联系实际,阐述工程建造智能化管理的创新模式,推动智能化管理的深入发展,为培养更多能够胜任未来工程建造智能化管理岗位的专业人才提供理论及技术借鉴。

本教材共分 10 章,包括以下内容:

第 1 章首先介绍了研究背景,包括建筑业的现状和政策引导,使读者对行业背景有了全面了解。接着,详细讨论了工程建造智能化管理的概念与特征,为后续章节的学习奠定基础。

第 2 章深入阐述智能化管理的总体架构和相关模块划分,使读者对智能化管理的整体框架有了更清晰的认识。

第 3 章系统介绍多个关键技术,包括 BIM 技术、物联网技术、大数据技术等,为读者提供在智能化管理中运用这些技术的基础知识。

第 4~9 章分别以不同类型的工程为例,深入探讨了装配式建筑、大跨空间结构、地铁工程、桥隧工程、超高层建筑和水利水电工程等领域在智能化管理方面的应用,通过具体案例展示智能化管理的实践效果。

第 10 章重点突出了环保与可持续发展的重要性,介绍了碳排放智能化管理平台的应用案例,为读者提供在工程项目中实现碳排放智能化管理的实际方法。

本教材特色和创新之处如下。

① 全面系统的理论框架:本教材在导论中提供了行业背景分析,引导读者了解建筑业的发展现状和政策引导。同时,在总体方案、关键技术以及实际应用案例的分析中,构建了全面系统的工程建造智能化管理理论框架。

② 深度挖掘关键技术:本教材深入挖掘了工程建造智能化管理的关键技术,包括 BIM技术、物联网技术、大数据技术等,加深了读者对信息技术的理解,使其能够灵活应用于实际工程管理中。

③ 多领域实际案例深度分析:本教材结合装配式建筑、大跨空间结构、地铁工程、桥隧工程、超高层建筑和水利水电工程等多个领域的实际案例,深度分析了智能化管理在不同工程类型中的应用,为读者提供了跨领域的多方位管理经验。

④ 注重环保与可持续发展:在最后一章中,本教材关注环保与可持续发展,突出了碳排放智能化管理平台的应用,为读者呈现了在工程项目中实现环保目标的具体方法,体现了

本教材对可持续发展的重视。

⑤ 结构清晰、案例丰富：本教材章节结构清晰，由浅入深地介绍了工程建造智能化管理的各个方面。以实际案例为支撑，通过具体的工程项目，深入浅出地展示了智能化管理的实际应用效果。

本教材适用于土木工程类和土建类高等院校本科生课程，也可作为有关工程技术人员的参考用书。

本教材由深圳大学土木与交通工程学院龙武剑教授主编、深圳大学教材建设项目资助，感谢深圳大学教材中心、深圳大学土木与交通工程学院、广东省滨海土木工程耐久性重点实验室(深圳大学)、深圳大学土木与交通工程学院教学实验中心、中建三局科创产业发展有限公司、中建一局集团华南建设有限公司、中国葛洲坝集团三峡建设工程有限公司、中交路桥华南工程有限公司、深圳市政集团有限公司、中国建筑第八工程局有限公司华南分公司为本教材的编写提供宝贵的素材。编写过程中作者参阅了很多国内外已公开的文献、书籍和信息资料，并从中得到很多启发，在此一并表示感谢。

鉴于作者水平有限，在编写过程中难免出现疏漏和不足之处。真诚希望读者提供宝贵意见和建议，期待能够得到您的指正，以不断改进和完善本教材。

编　者

2024 年 3 月

目 录
CONTENTS

第1章

导论

我国建筑业在过去四十多年间得到长足发展,但仍存在生产效率低下、质量安全事故频发、信息化程度不高等问题。信息化、智能化时代的到来为建筑业生产方式的变革提供了机遇,因此,探寻工程建造过程的智能化管理具有重要意义。

1.1 背景

建筑业一直提倡加大科技投入、提高信息化管理水平,但在过去很长一段时间,建筑业信息化的发展较为缓慢。近几年来,随着人工智能、BIM 技术、云计算等技术手段的迅猛发展,建筑业信息化有了飞跃式发展,特别是应用于施工过程中的信息技术手段更加多样化,应用功能更加强大,但仍有较大的发展空间。我国政府在助推建筑业信息化、工业化发展中制定了一系列的相关政策,为建筑业的更新升级提供了政策保障。

1.1.1 建筑业发展现状

1. 建筑业生产效率长期落后于科学技术发展

从 19 世纪 40 年代至今(图 1.1),农业的劳动生产率增长了 1512%,土地的规模化组合和种植机械化配置使得农作物产量大大提高;制造业的劳动生产率增长了 760%,主要进步是全新的模块化和标准化设计、全流程自动化生产;而建筑业的劳动生产率增长仅有 6%,虽然在技术能力、生产方法和生产规模上有一定程度的进步,但与其他行业相比建筑业生产效率总体上长期落后于科学技术发展。2017 年,麦肯锡全球研究院完成的《重塑建筑业:迈向高生产率之路》(*Reinventing Construction: A Route to Higher Productivity*)的报告中也同样说明了该问题,报告对全球建筑业生产效率问题进行了阐述(图 1.2 是基于 41 个国家的样本,占全球 GDP 的 96%),全球建筑业劳动生产率增长仅 1%,远低于制造业的 3.6% 和各个行业平均值 2.7%,长期落后于其他行业以及世界整体经济水平。

2022 年,按建筑业总产值计算的劳动生产率(图 1.3),达到 493526 元/人,比 2021 年增长 4.30%,但劳动生产率的增速比 2021 年降低 7.60%。建筑业劳动生产率低是各国普遍存在的问题,中国建筑业从整体上看,仍然是劳动力密集的行业,未来劳动生产率也并不会太高,如何将科学技术的发展应用到建筑业并有效地提高劳动生产率值得研究。

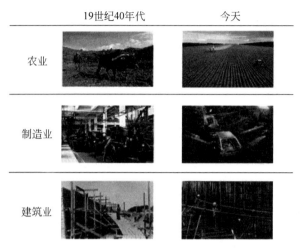

图 1.1　各行业劳动生产变迁

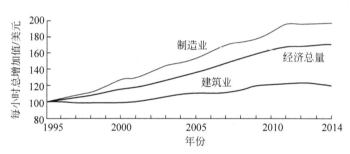

图 1.2　建筑业劳动生产率的增长落后于制造业生产率和经济总量的增长

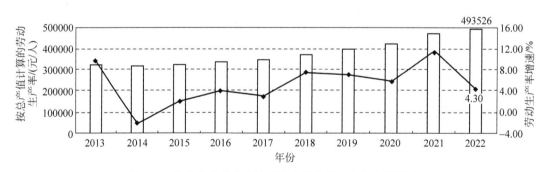

图 1.3　按建筑业总产值计算的建筑业劳动生产率及增速

2. 建筑业安全与质量事故频发

质量事故和安全事故在工程项目中经常出现。据住房城乡建设部统计,2017—2019年,全国建筑施工安全生产事故共 2133 起,死亡 2478 人;其中较大以上事故 68 起,死亡283 人。对相关数据进行统计分析发现,2017—2019 年全国建筑施工安全生产事故数量占比较高的是:高处坠落占 52.41%、物体打击占 14.96%、土方基坑坍塌占 8.72%、起重机械伤害占 6.61%、其他机械伤害占 4.45%;死亡人数占比较高的是:高处坠落占 46.93%、土方基坑坍塌占 14.73%、物体打击占 13.24%、起重机械伤害占 7.99%、其他机械伤害占 4.00%。2017—2019 年全国建筑施工较大以上安全生产事故数量占比较高的是：土方基坑坍塌占 51.47%、起重机械伤害占 19.12%、高处坠落占 11.76%、中毒和窒息占 7.35%；死亡人数占比较高的是：土方基坑坍塌占 59.72%、起重机械伤害占 17.67%、高处坠落占 8.48%、中毒和窒息占 5.65%。

究其原因，其一是建筑施工的标准化程度不高，容易受到人为因素影响而发生工程质量事故；其二是我国建筑业缺乏产业工人，工人主要为农民工，整体素质有待提高，容易因安全意识缺乏、疏忽大意等导致工程安全事故的发生；其三是人工智能、安全预警等技术尚未得到广泛应用，质量安全事故等难以提前预警。

3. 建筑业信息化程度不高

我国建筑业信息化和科技化程度一直以来都很低，信息化和数字化存在很大的关联，信息化是数字化的基础，麦肯锡全球研究院发布的文章《建筑业数字化未来之设想》（*Imagining Construction's Digital Future*）显示（图1.4），从全球各行业对比来看，建筑行业数字化投入非常低，仅高于农业，在所有行业中排名倒数第二。建筑业数字化投入水平仍处于较低水平，存在较大成长空间。

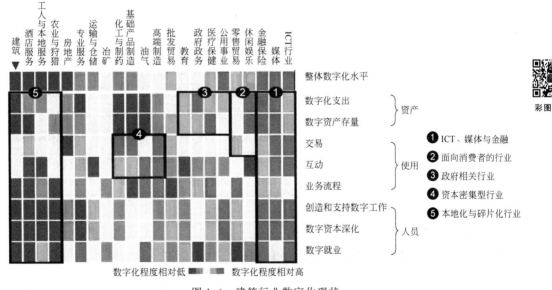

彩图 1.4

图 1.4 建筑行业数字化现状

建筑业信息化渗透率是衡量建筑业信息化水平的主要指标，表示建筑业信息化投入占总产值的比重。中国建筑业信息化水平相比发达国家建筑业信息化水平仍有差距，如图 1.5 所示，2021 年行业渗透率约为 0.13%，远低于发达国家 1% 的平均水平，同时低于国际平均水平 0.30%。

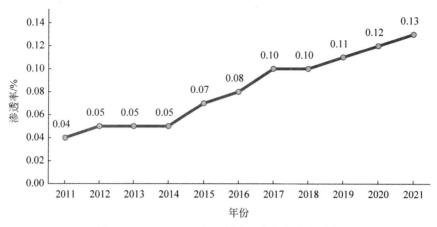

图 1.5　2011—2021 年中国建筑业信息化渗透率

1.1.2　政策引导

我国政府已经意识到建筑业未来必然走信息化、工业化、科技化的路子,政府先后出台多项推进建筑业信息化发展的政策。《2016—2020 年建筑业信息化发展纲要》要求:"全面提高建筑业信息化水平,着力增强 BIM、大数据、智能化、移动通信、云计算、物联网等信息技术集成应用能力,建筑业数字化、网络化、智能化取得突破性进展,初步建成一体化行业监管和服务平台,数据资源利用水平和信息服务能力明显提升,形成一批具有较强信息技术创新能力和信息化应用达到国际先进水平的建筑企业及具有关键自主知识产权的建筑业信息技术企业。"2020 年 7 月住房城乡建设部等 13 部门联合印发了《住房和城乡建设部等部门关于推动智能建造与建筑工业化协同发展的指导意见》(建市〔2020〕60 号),明确提出了推动智能建造与建筑工业化协同发展的指导思想、基本原则、发展目标、重点任务和保障措施。这些政策的推出有助于推动工程建造的智能化管理。随着工业化、数字化、智能建造等相关政策的出台,以及建筑业信息化建设的不断深入,我国的建筑业已经进入以智能建造为核心包括工程建造智能化管理的一个全新的发展时期。

1.2　工程建造智能化管理的概念与特征

1.2.1　工程建造智能化管理的概念

智能化管理是指将信息技术、人工智能技术等赋能管理,提升管理效果的一种方式。工程建造智能化管理是指在工程建造过程中,充分运用信息化技术、互联网、人工智能、大数据、云平台对项目建造中投资、进度、质量、安全、环境等进行高效管理的过程。工程建造智能化管理能够满足科学管理要求,优化管理方式,实现实时智能管控,促进工程建造过程中管理效果的提升。

1.2.2　工程建造智能化管理的特征

1. 生产的智能化

通过 BIM、互联网、物联网等信息技术的运用,可以实现生产过程中调配的智能化,施工操作的部分智能化。在生产过程中,减少对人的依赖,更多地通过机器指令进行智能化操作,实现自动化生产。

2. 决策的智能化

项目建造过程中会产生很多的信息,运用信息技术软件将生产过程中涉及的大量数据,结合以往的经验,进行综合决策,使决策更具有智能化,达到提高决策的准确性的目的。

3. 生产质量与效率的双提升

工程建造的智能化管理通过物联网及人工智能技术,实现建造生产管理的流程化、标准化和智能化,较大程度地提高建造生产质量及施工生产效率。

4. 生产管理的集成化与协同化

智能化管理在现场管理时会运用统一的流程及标准,智能化的监控能够实现管理的集成化,所有参与单位的协同性更为明显,能够更有效地提升工作质量,使协同作业的能力更强。

第2章

工程建造智能化管理总体方案

工程建造智能化管理的实现是建立在人与机器、技术与管理、信息与数据的有机融合之上,依托智能化管理系统实现管理的智能化。工程建造智能化管理系统可根据实际需要设计架构层次,系统一般包括进度管理、成本管理、质量管理、安全管理、环境管理、合同管理、信息管理等功能。

2.1 工程建造智能化管理的总体架构

工程建造智能化管理系统是为实现"工程建造智能化管理"理念而开发设计的模块化、集成化的计算机应用系统,是支持对人和物全面感知、施工技术全面智能、工作互通互联、信息协同共享、决策科学分析、风险智能预控的工程建造智能化管理系统,目的在于变被动"监督"为主动"监控"。

2.1.1 属性分析

为了研究工程建造智能化管理系统的架构模式,必须分析和界定工程建造智能化管理系统的学科范畴和属性。简单来讲,"工程建造智能化管理"服务于建设工程项目施工现场,是基于建设工程项目管理学科、信息管理系统和计算机学科三者交叉整合的理念,如图 2.1 所示。

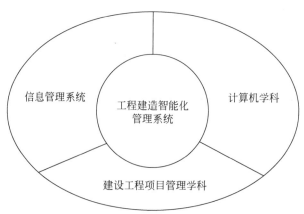

图 2.1 工程建造智能化管理系统的交叉学科示意

1. 建设工程项目管理范畴

建设工程项目是为完成依法立项的新建、扩建、改建工程而进行的有起止日期的、达到规定要求的一组由相互关联的受控活动组成的特定过程,包括决策、设计准备、设计、施工、动用前准备、保修等阶段,如图 2.2 所示。

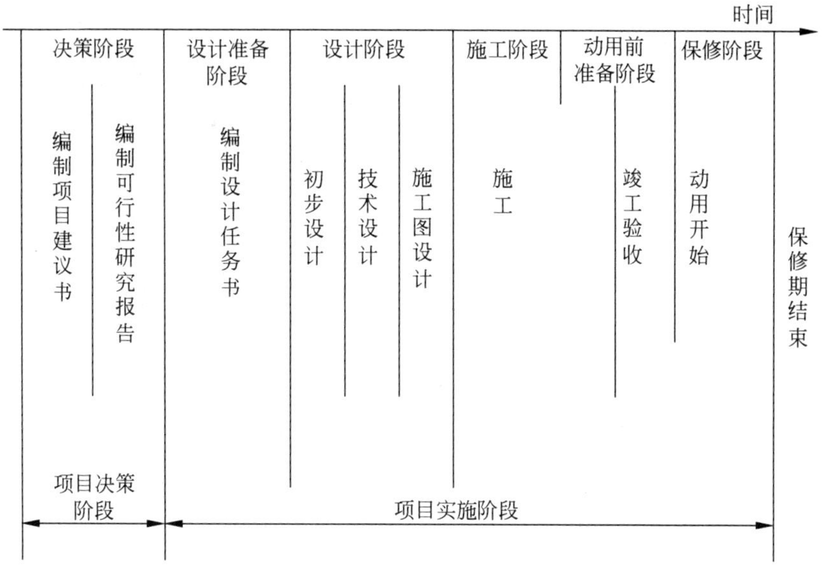

图 2.2　建设工程项目的阶段组成

建设工程项目管理是运用系统的理论和方法,对建设工程项目进行的计划、组织、指挥、协调和控制等专业化活动。其内涵参见图 2.3。从过程视角看,工程管理涵盖项目前期策划管理(development management,DM)、项目实施期项目管理(project management,PM)、项目试用期设施管理(facility management,FM)。此外,项目管理涉及众多参与单位,包括投资方、开发方、设计方、施工方、供货方等,需要对这些参与单位进行协调管理。

2. 信息管理范畴

信息管理是人类为有效地开发和利用信息资源,以现代信息技术为手段,对信息资源进行计划、组织、领导和控制的社会活动,是人们收集、加工、输入和输出信息行为的总称。简单地说,信息管理就是人对信息资源和信息活动的管理,包括信息收集、信息传输、信息加工和信息储存。

建设工程项目的信息管理是通过对各个系统、各项工作和各种数据的管理,能方便和有效地获取、存储、存档、处理和交流项目的信息,其目的是通过有效的项目信息传输的组织和控制为项目建设提供增值服务。图 2.4 展示了按照信息的内容属性划分的建设工程项目的信息类别。

3. 计算机范畴

多层分布式体系结构是计算机学科的重要概念,泛指 3 层或 3 层以上的多层软件系统

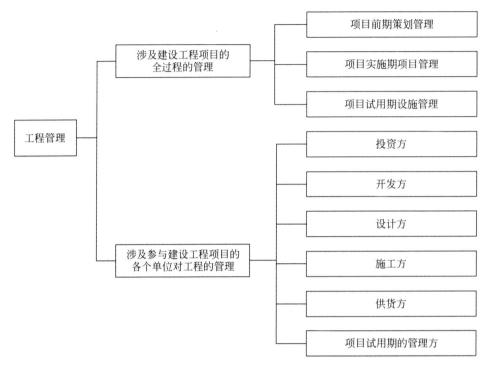

图 2.3　建设工程项目管理的内涵

设计模型,它将数据库访问分布在一个或多个中间层。典型的多层分布式系统可划分为 3 个层次,分别为客户端(表现层)、应用服务层(业务层)和数据服务层(数据层)。这种体系结构中,客户机只存放表现层软件,应用逻辑包括事务处理、监控、信息排队、Web 服务等采用专门的中间件服务器,后台是数据库,系统资源被统一管理和使用,客户程序与数据库的连接被中间层屏蔽,客户程序只能通过中间层间接地访问数据库。中间层可能运行在不同于客户机的其他机器上,经过合理的任务划分与部署后,使整个系统的工作负载更趋均衡,从而提高整个系统的运行效率。

传统的客户机/服务器(C/S)体系结构又称两层模型,是由客户应用程序直接处理对数据库的访问。因而每一台运行客户应用程序的客户机都必须安装数据库驱动程序,增加了系统安装与维护的工作量。同时,数据库由众多客户程序直接访问,导致数据的完整性与安全性难以维护。多层分布式系统克服了传统的两层模式的许多缺点,其主要特点如下:

(1)安全。中间层隔离了客户直接对数据服务器的访问,保护了数据库的安全。

(2)稳定。中间层缓冲了客户端与数据库的实际连接,使数据库的实际连接数量远小于客户端用量,能够在一台服务器故障的情况下,透明地把客户端工作转移到其他具有同样业务功能的服务器上。

(3)易维护。由于业务逻辑在中间服务器,当业务规则变化后,客户端程序基本不改动。

(4)快速响应。通过负载均衡以及中间层缓存数据能力,可以提高对客户端的响应速度。

(5)系统扩展灵活。基于多层分布体系,当业务增大时,可以在中间层部署更多的应用

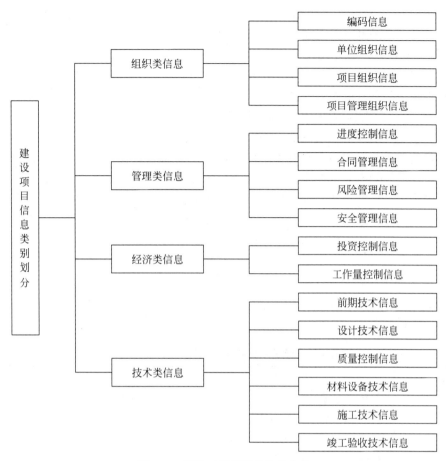

图 2.4　建设工程项目的信息分类

服务器,提高对客户端的响应,而所有变化对客户端透明。

据统计,一栋楼在设计施工阶段大约能产生容量大小为 10TB(1TB＝1024GB)的数据,如果到了运维阶段,数据量还会增大。因此,工程建造智能化管理系统在开发设计过程中必须考虑到施工现场大数据存储、传输、分析、链接的问题,形成数据处理能力好、维护性高、安全性强的多层分布式体系结构。

2.1.2　架构的相关理念

本节将从程序设计角度,利用面向对象的编程思想,分析工程建造智能化管理的架构原则、架构的开发目标、架构分类、架构视图和架构分层。

1. 面向对象编程简介

面向对象(object oriented,OO)是计算机界关心的重点,它是 20 世纪 90 年代软件开发方法的主流。面向对象的概念和应用已超越了程序设计和软件开发,扩展到很宽的范围,如数据库系统、交互式界面、应用结构、应用平台、分布式系统、网络管理结构、计算机辅助设计(CAD)技术、人工智能等领域。

面向对象编程(object oriented programming, OOP)是一种方法论而不是一种具体的编程语言。不同编程语言在实现 OOP 过程中存在很大差异。如 Java、Delphi 等不支持直接多继承,必须以接口的方式实现间接多继承。而 Python 可支持直接多继承,并通过深度搜索或广度搜索两种方式判断被调用的基类。面向对象编程有以下四大基本特征。

(1)抽象。提取现实世界中某事物的关键特性,为该事物构建模型的过程。对同一事物在不同需求下,需要提取的特性可能不一样。得到的抽象模型中一般包含属性(数据)和操作(行为)。这个抽象模型称为类,对类进行实例化得到对象。

(2)封装。封装可以使类具有独立性和隔离性,保证类的高内聚,只暴露给类外部或者子类必需的属性和操作。类封装的实现依赖类的修饰符(public、protected 和 private 等)。

(3)继承。对现有类的一种复用机制。一个类如果继承现有的类,则这个类将拥有被继承类的所有非私有特性(属性和操作)。这里指的继承包含类的继承和接口的实现。

(4)多态。多态是在继承的基础上实现的。多态包括继承、重写和基类引用指向子类对象三个要素。基类引用指向不同的子类对象时,调用相同的方法,呈现出不同的行为。多态可以分成编译时多态和运行时多态。

工程建造智能化管理系统作为多层分布式体系的软件结构,建议采用面向对象的开发模式,以达到表 2.1 所列的四大优点。

表 2.1　工程建造智能化管理系统采用面向对象开发模式的优点

优　　点	描　　述
易维护	采用面向对象思想设计的结构,可读性高,由于继承的存在,即使改变需求,维护也只是在局部模块,所以维护起来非常方便、成本较低
质量高	设计时,可重用现有的,或在以前项目的领域中已被测试过的类,使系统满足业务需求并具有较高质量
效率高	软件开发时,根据设计需要对现实世界中的事物进行抽象,产生类。使用这样的方法解决问题,接近于日常生活和自然的思考方式,势必提高软件开发的效率和质量
易扩展	由于继承、封装、多态等特性,可以设计出高内聚、低耦合的系统结构,使得系统更灵活、更容易扩展,而且成本较低

2．架构原则

应用面向对象的编程思想,在一般的软件系统开发阶段,通常要遵守一定的架构原则。

(1)单一职责原则。对于一个类而言,应该仅有一个引起它变化的原因。

(2)开放封闭原则。软件实体,如类、模块与函数,对于扩展应该是开放的,但对于修改应该是封闭的,即可以去扩展类,但不能去修改类。

(3)里氏替换原则。使用基类的指针或引用的函数,必须是在不知情的情况下,能够使用派生类的对象,即基类能够替换子类,但子类不一定能替换基类。

(4)最少知识原则。尽量减少对象之间的交互,从而减少类之间的耦合。简言之为低耦合、高内聚。

(5)接口隔离原则。两个类之间的依赖性,应该依赖于尽可能小的接口。

(6)依赖倒置原则。高层模块不应该依赖于低层模块,它们应该依赖于抽象。抽象不应该依赖于细节,细节应该依赖于抽象,即应该面向接口编程,不应该面向实现类编程。

3. 架构的开发目标

按照软件系统开发原则,良好的架构应使每个关注点互相分离,尽可能使系统一部分的改变不至于影响到其他部分,并达到以下开发目标。

(1)分离功能性需求。一般希望保持功能性需求之间是分离的,功能表明了不同最终用户的关注点,并且可能互相独立地发展,所以不希望一个功能的改变会影响到其他功能。功能性需求一般是站在问题域的高度来表达,因此很自然地希望系统特定功能从领域中分离出来,这样,便于把系统适配到类似的领域中。另外,一些功能需求会以其他功能需求扩展的形式来定义,这样更需要它们互相独立。

(2)从功能需求中分离出非功能性需求。非功能性需求通常标识所期望的系统质量属性:安全、性能、可靠性等,这就需要通过一些基础结构机制来完成。比如,需要一些授权、验证以及加密机制来实现安全性;需要缓存、负载均衡机制来满足性能要求。通常,这些基础结构机制需要在许多类中添加一小部分行为(方法),这就意味着与基础结构机制实现的一点变动都会造成巨大影响,因此,要使功能需求与非功能需求之间保持分离。

(3)分离平台特性。现在的系统运行在多种技术之上,比如身份验证的基础结构机制就可能有许多可选的技术,这些技术经常是与厂商有关的,当一个厂商把它的技术升级到一个新的、更好版本的时候,如果现有系统是紧密依赖于该技术前一个版本的,那么进行升级就不那么容易,所以要使平台特性与系统保持独立。

(4)把测试从被测单元中分离出来。作为完成一项测试的一部分工作,必须采用一些控制措施和方法(调试、跟踪、日志等),这些控制措施是保证系统运行流程符合测试要求的规程。这些方法是为了在系统执行过程中提取信息,以确认系统确实是按照预期的测试流程执行的。

综合以上原则和目标,在开发过程中,多层分布式的工程建造智能化管理系统的架构划分应保持程序的可扩展性、可重用性、可维护性,使模块内部紧聚合,模块之间松耦合,努力实现逻辑分离、物理分离直至空间分离。

4. 架构分类

软件架构是一个系统的草图,是构建计算机软件实践的基础。在软件架构的概念上,架构一般分为以下五个方面:

(1)逻辑架构。关注职责划分和接口定义,其设计着重考虑功能需求,突出各子系统或各模块之间的业务关系。设计内容包括模块划分、接口定义和邻域模型。

(2)开发架构。关注程序包,其设计着重考虑开发期质量属性,如可扩展性、可重用性、可移植性、易理解性和易测试性等。设计内容包括技术选型、文件划分和编译关系。

(3)运行架构。关注进程、线程、对象等运行时概念,以及相关的并发、同步、通信等问题。其设计着重考虑运行期质量属性,如性能、可伸缩性、持续可用性和安全性等。设计内容包括技术选型、控制流划分和同步关系。

(4)物理架构。关注软件系统最终如何安装或部署到物理机器。其设计着重考虑"安装和部署需求",以及如何部署机器和网络来配合软件系统的可靠性、可伸缩性等要求。设计内容包括硬件分布、软件部署和方案优化。

（5）数据架构。关注持久化数据的存储方案，其设计着重考虑数据需求。设计内容包括技术选型、存储格式和数据分布。

5. 架构视图

针对以上五种架构，一般应分别编制软件架构视图。

架构视图是对于从某一视角或某一点上看到的系统所做的简化描述，描述中涵盖了系统的某一特定方面，而省略了与此方面无关的实体。架构设计的多重视图（一般为五视图），从根本上说是需求种类的复杂性所致。不同视图针对的受众和关注点均不同，在运用五视图方法进行架构设计时需要注意：多个架构视图间的同步问题和架构视图的数量问题。也就是必须保证不同视图之间是互相解释而不是相互矛盾的，同时严格控制架构视图的数量（如需要，可引入新的架构视图，从而更加明确地制定和表达特定方面的架构决策，如安全性等）。常见的五视图种类为：

（1）逻辑视图。逻辑视图一般针对客户、用户、业务人员、开发组织，主要从系统的功能元素以及它们的接口、职责、交互维度入手。主要元素包括系统子系统、功能模块、子功能模块、接口等。逻辑视图的设计着重考虑功能需求，系统应当向用户提供什么样的服务，关注点主要是行为或职责的划分。逻辑视图关注的功能，不仅包括用户可见的功能，还应当包括为实现用户功能而必须提供的辅助功能。逻辑视图的静态方面（包图、类图、对象图）是抽象职责的划分，动态方面（序列图、协作图、状态图、活动图）是承担不同职责的逻辑单元之间的交互与协作。

（2）开发视图。开发视图（包图、类图、组件图）一般针对开发和测试相关人员，主要描述系统如何开发实现。主要元素包括描述系统的分层、分区、框架系统通用服务、业务通用服务、类和接口、系统平台和大基础框架。开发视图的设计着重考虑开发期质量属性，关注点是在软件开发环境中软件模块（包）的实际组织方式，具体涉及源程序文件、配置文件、源程序包、编译打包后的目标文件。直接使用的第三方软件开发工具包（software development kit，SDK）/框架/类库，以及开发的系统将运行于其上的系统软件或中间件。

（3）运行视图。运行视图的受众为开发人员。运行视图的设计着重考虑运行期质量属性，关注点是系统的并发、同步、通信等问题，这势必涉及进程、线程、对象等运行时概念，以及相关的并发、同步、通信等。运行视图的静态方面（包图、类图、对象图）关注软件系统运行时的单元结构，动态方面（序列图、协作图）关注运行时单元之间的交互机制。

（4）物理视图。物理视图（部署图、组件图）一般针对系统运维人员、集成人员，它是系统逻辑组件到物理节点的映射，节点与节点间的物理网络配置等，主要关注非功能性需求，诸如性能（吞吐量）、可伸缩性、可靠性、可用性等，从而得出相关的物理部署结构图。物理视图的设计着重考虑安装和部署需求，关注点是目标程序及其依赖的运行库和系统软件最终如何安装或部署到物理机器，以及如何部署机器和网络来配合软件系统的可靠性、可伸缩性、持续可用性、性能和安全性等要求。

（5）数据视图。数据视图的设计着重考虑数据需求，关注点是持久化数据的存储方案，不仅包括实体及实体关系数据存储格式，还可能包括数据传递、数据复制、数据同步等策略。

架构设计首先从逻辑架构开始，逐步分析和确认用户需求；其次是逐步开展开发架构与数据架构的设计,如软件分层、分包、技术框架、质量属性、数据库设计;再次是对于一些关键性功能进行运行架构设计,如性能、可伸缩性、可靠性、安全性;最后才是逐步考虑物理架构设计,如服务器、网络、安装部署等。

需要注意的是,"架构层数"和"架构视图"是不同的概念。无论一项多层分布式体系结构的系统分为多少个"架构层数",在理论上都可以绘制出五类"架构视图"。

6. 架构分层

一般而言,工程建造智能化管理系统是以三层架构为基础,因适用项目的差异或开发者喜好不同而对业务层(中间层)再进行细化而形成的多层分布式体系结构。

第 1 层,表现层(又称表示层、用户层)。用于和用户交互,提供用户界面和操作导航服务。

第 2 层,业务层(又称逻辑层、中间层)。用于业务处理,提供逻辑约束。包含复杂的业务处理规则和流程约束,可用于大批量处理、事务支持、大型配置、信息传送、网络通信等。很多开发者更喜欢将业务层划分为三个子层:负责与表现层通信的外观服务层;负责业务对象、业务逻辑的主业务服务层;负责与数据层通信的数据库服务层,建立结构化查询语言(SQL)语句和调用存储过程。

第 3 层,数据层(又称资源管理层)。用于数据的集成存储。没有或较少有数据处理任务,而定义了大量的数据管理任务。

完善的工程建造智能化管理系统,其表现层一般可通过 Web 界面或移动客户端实现。为实现对项目建设过程的实时监控、智能感知、数据采集和高效协同,提高作业现场的管理能力,其业务层需要突出其利用物联网技术,存在类似射频识别(radio frequency identification,RFID)技术、传感器、摄像头、手机等硬件设备,因此,这些硬件应划归业务层下的数据库服务层,必须通过逻辑判断对采集的数据进行过滤,不能不加判断地将全部数据直接存储至数据库中。数据层中保存和管理有助于施工现场采集的或项目相关人员制作的有效数据,也通过云平台进行高效计算、存储。

2.1.3　常见架构

架构,又称软件架构,是一系列相关的抽象模式,用于指导大型软件系统各个方面的设计。软件架构是一个系统的草图。架构描述的对象是直接构成系统的抽象组件。各个组件之间的连接则明确和相对细致地描述组件之间的通信。在面向对象领域中,组件之间的连接通常用应用程序编程接口(API)实现。

因工程建造智能化管理系统适用的项目类型和项目相关单位不同,出现了架构层次划分的差异。目前建筑业中普遍存在四类不同层次的应用架构模式,如表 2.2 所示。

表 2.2　工程建造智能化管理系统常见的架构层次划分

序号	层数	各层名称	各层作用
1	3层	数据访问层	对施工现场各类数据进行采集
		业务层	结合项目管理目标进行各类业务分析
		用户层	将分析结果传递到用户界面

续表

序号	层数	各层名称	各层作用
2	4层	前端感知层	由传感器等智能硬件构成,主要用于施工现场数据采集
		本地管理层	将前端感知层的数据通过无线方式上传到本地管理平台,进行显示等处理
		云端部署层	将本地管理层的数据通过无线方式实时上传到工程建造智能化管理云平台,在云平台利用大数据技术,对数据进行统计处理,然后以折线图等方式显示,助力决策层决策
		移动应用层	将工程建造智能化管理云平台处理过的数据通过移动互联网技术,推送到工程建造智能化管理 APP,决策者可以通过随时随地查看施工现场情况和数据的方式来决策
3	5层	现场应用层	通过一系列实用的专业系统(如施工策划、人员管理、机械设备管理、物资管理、成本管理、进度管理、质量安全管理、绿色施工、BIM应用等)对施工现场设置的装置进行数据采集(如模拟摄像机、编码器、RFID识别、报警探测器、环境监测、门禁、二维码、智能安全帽、自动称重、车辆通行)
		集成监管层	方便企业管理层对项目管理者进行监管。通过标准数据接口将项目数据进行整理和统计分析,分析施工现场的成本、进度、生产、质量、安全、经营等业务的实时监管
		决策分析层	在集成监管层基础上,应用数据仓库、联机分析处理(OLAP)和数据挖掘等技术,通过多种模型进行数据模拟,挖掘关联,可进行目标分析、资金分析、成本分析、资源分析、进度分析、质量安全分析和风险分析等
		数据中心层	为支持各应用而建立的知识数据库系统,包括人员库、机械设备库、材料信息库、技术知识库、安全隐患库、BIM构件库等
		行业监管层	适用于政府部门按照法律法规或规范规程进行行业监管,包括质量监管、安全监管、劳务实名制监管、环境监管、绿色施工监管等
4	6层	智能采集层	将各类终端、施工升降机、塔式起重机作业产生的动态情况,工地周围的视频数据,混凝土和渣土车位置、速度信息上传到通信层
		通信层	由通信网络组成,是数据传输的集成通道
		基础设施层	通过移动网络基站等传递数据至远程数据库
		数据层	存储项目中的实时数据和历史数据的数据库系统
		应用层	包含进度、成本、安全、质量、环保、人员、节能、设备、物料等的智能分析运算
		接入层	包含浏览器界面和移动终端界面供用户选用

对于架构层次的划分,目前尚无具体的行业标准或规范要求。项目相关单位根据自身的管理需求和实现目标,委托不同的软件公司进行独立的开发设计,因此差异性较大。目前,工程建造智能化管理平台尚不具备全国统一平台的能力。

2.2　工程建造智能化管理的数据需求分析

一般而言,在施工现场不同的管理内容下,工程建造智能化管理系统的应用内容和基本数据需求也不同。表2.3列举了可能的基本数据需求,管理内容涵盖了施工策划、进度管理、人员管理、施工机械管理、物料管理、成本管理、质量管理、安全管理、绿色施工管理、项目协同管理和行业监管等,实际数据需求应视项目和工程建造智能化管理系统架构的独特性或差异性而分别确定。

表 2.3 工程建造智能化管理系统基本数据需求

管理内容	应用内容	基本数据需求
施工策划	基于 BIM 的场地布置、进度计划编制与模拟、资源计划、施工方案及工艺模拟	项目 BIM 模型,可提取工程量、几何尺寸、空间结构关系、构件质量等;传感器,可提取自然环境信息(风速、温度、湿度)、应力、应变、耗电量、用水量等;项目信息管理系统,可提取施工进度、劳动力、材料库存、成本等
进度管理	BIM 技术与进度管理的集成应用;基于信息化的智慧进度管理	项目总体进度计划、单位工程名称、分部分项工程名称、工序(名称、内容、时间参数)、控制性工序、实体工程量统计表、资金计划、劳动力计划、物资需求计划等
人员管理	基于互联网的施工人员培训;基于物联网的施工人员实名制管理;信息化门禁管理;农民工电子支付系统	人员身份信息、工种信息、培训信息、考勤信息、工资发放信息、职业资格信息、社保信息、劳务合同信息等
施工机械管理	基于互联网的设备租赁;基于移动终端的设备现场管理	机械设备供应商信息、采购流程制度、合同管理、设备管理信息、起重运输机械信息、安全操作流程、临时用电控制、人员管理、维修保养计划、常见故障信息等
物料管理	互联网采购管理;基于 BIM 的物料管理;基于物联网的物料现场验收管理;现场钢筋精细化管理;基于二维码的物料跟踪管理	物料库、供应商库、价格库;材料采购、到货检验、入库、领用、盘点的全过程信息;物料编码、名称、规格型号、材质、计量单位等信息;钢筋数据库;物料入库、出库、使用信息等
成本管理	基于 BIM 的工程造价编制;基于 BIM5D 的成本管理;基于企业定额的项目成本分析与控制;基于大数据的材料价格信息服务	定额标准、工程量信息、计价信息、构件计算规则、扣减规则、清单及定额规则;工程量审核申报信息、进度款审核申请信息、投资偏差、费用组成方法;项目本身价格数据积累、材料价格信息网站数据等
质量管理	基于 BIM 的质量管理;基于物联网的工程材料质量管理;基于物联网的工程实测质量管理系统	BIM 模型、质量管理的内容、规范要求、验收信息;检验批的划分、材料台账、设计要求、技术标准、现场见证取样节点设置、检验结果报告、不合格材料信息;数据采集点信息、二维码扫描标识等
安全管理	基于 BIM 的可视化安全管理;机械设备的安全管理;深基坑安全管理;高大模板安全管理;专项施工方案编制及优化	施工方案、工人属性信息、工人位置信息、安全装备佩戴信息、机械位置信息、不安全因素信息;设备信息、使用量、品种、规格、维修方法、安全隐患以及特种设备;水文地质信息、监测信息;地面沉降、扣件、顶杆、整体倾覆信息;工程概况、编制依据、施工计划、工艺技术、安全保证措施、劳动力计划、图纸和计算书等

续表

管 理 内 容	应 用 内 容	基 本 数 据 需 求
绿色施工管理	基于物联网的节水管理；基于 BIM 的钢筋自动加工；钢结构施工全过程管理；基于物联网的环境检测与控制；基于 GIS 和物联网的建筑垃圾管理；绿色施工在线检测评价	生产用水、生活用水、雨水排放、喷淋养护、降尘洒水、绿化灌溉；BIM 模型、钢筋自动翻样、半自动加工、全自动加工；噪声、粉尘、温度、湿度、污水排放、大体积混凝土测温、能耗监测；垃圾出场申报、分类识别、自动计量、动态跟踪、结算、数据统计查询等
项目协同管理	基于云平台的图纸档案协同；基于 BIM 和移动终端的综合项目协同管理	施工图、BIM 模型、文件类别、归档要求等
行业监管	建设工程质量监管、混凝土质量监管、深基坑工程安全监管、起重机械安全监管、高支模安全监管、绿色施工监管、从业人员实名制监管、工程诚信评价管理	检测机构、检测人员、检测设备、检测标识；混凝土的生产、出厂、运输、泵送、浇筑等环节信息；水位、应力、地下管线位移、不均匀沉降信息；荷载质量、力矩、高度、幅度、角度、风速等信息；模板沉降、立杆轴力、立杆倾角、支架整体位移信息；能耗、水耗、噪声、扬尘信息；人员基本身份信息、培训和技能状况、从业经历、考勤记录、诚信信息、工资支付信息；企业市场行为、质量安全状况、履约情况、其他信息等

2.3　工程建造智能化管理的模块划分

2.3.1　模块划分原则

模块，又称构件，是能够单独命名并独立完成一定功能的程序语句的集合（即程序代码和数据结构的集合体）。它具有两个基本特征：外部特征和内部特征。外部特征是指模块跟外部环境联系的接口（即其他模块或程序调用该模块的方式，包括输入和输出参数、引用的全局变量）和模块的功能；内部特征是指模块的内部环境具有的特点（即该模块的局部数据和程序代码）。

模块划分是指在软件设计过程中，为了能够对系统开发流程进行管理，保证系统的稳定性及后期的可维护性，对软件系统按照一定准则进行的模块划分。根据模块进行系统开发，可提高系统的开发进度，明确系统需求，保证系统的稳定性。通过模块划分可取得以下效果：使程序实现的逻辑更加清晰，可读性强；使多人合作开发的分工更加明确，容易控制；能充分利用可以重用的代码；抽象出可公用的模块，可维护性强，以避免同一处修改在多个地方出现；系统运行可方便地选择不同的流程；可基于模块化设计优秀的遗留系统，组装开发新的相似系统，甚至全新系统。

模块划分一般采用封装驱动设计（encapsulation-driven design，EDD）方法。该方法包含如下四个步骤：

（1）研究需求。要求确定设计者上下图文和功能树。

（2）粗粒度分层。划分架构层和功能模块（可以跨层），有助于分离关注点和分工协作。

（3）细粒度分模块。将架构层内支持不同功能组的职责分别封装到细粒度模块，使每个功能模块由一组位于不同层的细粒度模块组成。

（4）用例驱动模块划分结构评审、优化。用例是在不展现一个系统或子系统内部结构的情况下，对系统或子系统的某个连贯的功能单元的定义描述，演示了人们如何使用系统。通过用例观察系统，能够将系统实现与系统目标分开，有助于满足用户要求和期望，而不会沉浸于实现细节。通过用例，用户可以看到系统提供的功能，先确定系统范围，再深入开展项目工作。

对于工程建造智能化管理系统，可以参照 2.1.2 节的模式，在粗粒度上分为三个层（表现层、业务层、数据层）。

2.3.2 主要模块

如表 2.4 所示，工程建造智能化管理系统的主要模块可分别从项目管理职能、过程管理、资源管理等视角进行划分。项目管理职能划分的模块包括进度管理、成本管理、质量管理、安全管理、环境管理、合同管理、信息管理等子系统。过程管理划分的模块包括项目前期策划决策、设计管理、施工监控管理等子系统。资源管理划分的模块包括人员管理、材料管理、设备管理、工艺管理等子系统。现实中的工程建造智能化管理系统根据项目实际需求，对各子系统进行组合使用。

表 2.4　工程建造智能化管理的一般性功能模块划分

视　　角	功能模块名称	功能模块概述
项目管理职能	进度管理系统	含无人机、监控设备、终端设备 基于 BIM 和物联网实现工程项目的 4D 进度计划和动态进度追踪
	成本管理系统	利用 BIM 和大数据实现成本预测、5D 成本控制和成本核算
	质量管理系统	含无人机、传感设备、终端设备 利用 BIM 和物联网实现施工模拟、质量检查和质量问题分析
	安全管理系统	含监控设备、传感设备、终端设备 利用 BIM、物联网和大数据实现施工模拟、安全监控和安全隐患分析
	环境管理系统	含传感设备 利用物联网、BIM 实现环境指标监测和能耗分析
	合同管理系统	利用互联网、大数据技术对合同执行情况进行跟踪、反馈并采取相应的合同管理措施，如索赔与反索赔等
	信息管理系统	含信息采集设施、网络基础设施、控制及应用终端 利用 BIM、物联网和大数据实现信息获取、信息集成、信息传递和信息共享
过程管理	项目前期策划决策系统	利用互联网、大数据对项目定位、功能规模、建设规模、施工方案等进行前期决策
	设计管理系统	利用互联网、BIM 技术对各专业设计进行协作、整合和集成，并进行设计问题的沟通协调
	施工监控管理系统	含监控设备、传感设备、终端设备 对施工场地进行安全监控、质量监控以及施工过程中操作监控

视　角	功能模块名称	功能模块概述
资源管理	人员管理系统	含门禁设备、穿戴设备、VR体验设备和终端设备 利用物联网、VR和GPS实现人员考勤、人员培训、人员定位和人员健康管理
	材料管理系统	含RFID电子标签、智能地磅、终端设备 利用大数据、BIM、物联网和人工智能实现材料采购、材料追踪调度和材料进出场
	设备管理系统	含传感设备、身份识别装置和终端设备 利用GPS和物联网实现设备运行监控、设备定位和身份识别管理
	工艺管理系统	含3D打印机、智能机器人和RFID电子标签 利用BIM、计算机模拟、物联网和人工智能实现可视化交底、虚拟建造、装配式生产、3D打印建造和自动化施工

第3章

工程建造智能化管理的关键技术

工程建造智能化管理过程中,会运用许多关键信息技术来解决建设项目的管理问题,其中基础技术主要包括 BIM 技术、物联网技术、移动互联网技术、云计算技术、大数据技术、GIS 技术、区块链技术、虚拟现实与增强现实技术。此外,还有智能分析相关技术。

3.1 工程建造智能化管理基础技术

3.1.1 BIM 技术

建筑信息模型(building information modeling,BIM)起源于美国查克·伊斯曼(Chuck Eastman)博士 20 世纪 70 年代提出的建筑计算机模拟系统。美国国家 BIM 标准(national BIM standard-US,NBIMS-US)从三个方面对 BIM 的内涵进行了解读:①BIM 是包含建设工程项目物理性质和功能特性的一种数字化表达;②BIM 是涵盖项目全生命周期所有信息并为管理决策提供可靠依据的一个共享知识资源;③BIM 是项目各参与方在不同阶段向其中插入、提取、更新和修改信息,以实现协同工作的过程。

与传统的二维 CAD 技术相比,BIM 技术的主要特征包括:

(1) 可视化。BIM 技术具有可视化的特点,不同于以往二维化的工程设计,BIM 技术可以实现三维化效果。三维化模型更加直观、立体,施工中参照这种模型能够更加清楚地看到工程的特点。通过三维可视化设计,有助于施工方了解各个构件的结构造型和设计方案,避免错误施工、返工误工等现象。

(2) 协调性。应用 BIM 技术可以实现人员、部门之间良好的沟通和协调。BIM 技术为不同专业的项目管理人员提供一个共同工作的平台,该平台能够全面并直观地展示工程中的信息,工程设计人员、工程施工人员、工程管理人员都可以在该平台上进行模型信息的更新与传递,为协同管理提供基础。

(3) 模拟性。BIM 技术能够对具体的施工过程进行模拟,将 BIM 技术的这种特点应用于建设工程施工中,能够有效解决施工中的一些问题。应用 BIM 技术可以实施日照模拟、能耗模拟、逃生疏散模拟、施工模拟等,设计与后续施工中存在的问题一目了然,有助于优化设计方案。

(4) 可出图性:模型构建完成后,BIM 可以对设计方案、深化设计后的方案、施工方案等进行出图展示,可根据实际需要,选择相关参数输出建筑的平面图、立面图和剖面图以及建筑节点详图或大样图,使项目的各个环节都有图可依,加快了施工进度。

基于上述特性,BIM 技术可以应用于建筑工程项目全生命周期的各个阶段:

(1) BIM 在设计阶段的应用。项目设计阶段,可以通过 BIM 技术进行 3D 设计,并对 3D 模型进行动态模拟,也可进行管线冲突检测,从而不断优化设计,如图 3.1 所示。

(2) BIM 在施工阶段的应用。在施工过程中,可以借助 BIM 技术的可视性、动态性进行建模,更加直观形象地展现施工现场的场地布置情况,有助于减少场地布置不合理导致的工期延误和二次搬运等。同时,借助 BIM 技术,可以将成本、进度等信息要素与模型集成,帮助管理人员实现成本、进度和质量的数字化管理。3D BIM 模型再加上时间进度,可以实现 4D 施工进度模拟,随着时间推移,模拟施工过程。4D 施工模拟,如图 3.2 所示,可以帮助建设者合理制定施工进度计划、配置施工资源,进而科学合理地进行施工建设目标控制,项目参与方也能从 4D 模型中很快了解建设项目主要施工过程的控制方法和资源安排是否均衡、进度计划是否合理。基于 BIM 的施工过程 4D 模拟,再结合相应的人、材、机成本数据就形成了 5D 模拟。5D 模拟可以较为系统地展示建筑施工过程中的主要细节,对于合理制订施工计划、精确掌握施工进度、优化使用施工资源、科学降低施工成本都起到至关重要的作用。

彩图 3.1

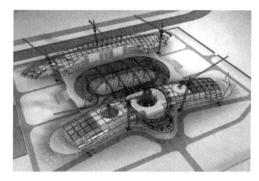

图 3.1　管线冲突检测　　　　　　　　　　图 3.2　BIM 4D 施工模拟

(3) BIM 在竣工阶段的应用。由于建设工程比较复杂,涉及的内容较多,所以建设工程竣工验收时涉及的数据较多,核算人员通过人工核算,使得核算周期较长,同时出现错误的概率较大。使用 BIM 模型将建设工程的具体信息合理统计,然后将信息共享,便于核算人员对数据的随时取用,大大提高了核算工作效率,很大程度提高了核算工作质量。

(4) BIM 在运行维护管理阶段的应用。通过 BIM 技术建立起可视化模型,全面了解建筑物的各部分构成,不但方便相关人员去定位物业资源,而且可以根据模型信息,明确指导运行维护工作,并便于运行维护管理的信息化建设。例如,可以显示建筑物的全部结构信息,并对运行维护信息进行收集和处理,获得实时的状态,及时了解物业管理中可能存在的问题,从而快速定位故障,进行更换修理。

3.1.2　物联网技术

物联网,顾名思义就是物物相联的互联网。它是通过射频识别设备、红外感应器、全球定位系统、激光扫描器等信息传感设备,严格按照约定的协议将其中各项要素、物品进行连接,在互联网云计算运用环境下实现最终的信息交换、资源共享以及数字化通信,以实现对物品的安防监控识别、定位、跟踪、监控和管理的一种网络。其用户端可延伸和扩展到任何物品与物品之间,包括智能化识别系统、跟踪定位系统、操作管理与视频监控系统等。物联网技术使建筑施工管理变得智能化、信息化。概括来讲,通过安装在建筑施工作业现场的各类传感装置,构建智能监控和监管体系,有效地弥补了传统方法和技术在监管中的缺陷,实现对人、机、料、法、环的全方位实时监控,变被动"监督"为主动"监控"。因此,物联网技术是智慧工地应用的核心技术之一。

物联网具备三大特征。一是各类终端实现"全面感知",即利用无线射频识别设备、传感器、定位器和二维码等,随时随地对人员、机械和材料等进行信息采集和获取。感知包括传感器的信息采集、协同处理、智能组网,甚至信息服务,以达到控制、指挥的目的。二是利用通信网、互联网等融合实现对信息的"可靠传输",即通过各种电信网络和因特网融合,对接收到的感知信息进行实时远程传送,实现信息的交互和共享,并进行各种有效的处理。在这一过程中,通常需要用到现有的电信网络,包括无线和有线网络。由于传感器网络是一个局部的无线网,因而无线移动通信网、4G网络以及5G网络都是承载物联网的一个有力支撑。三是利用云计算等技术对海量数据"智能处理",即利用云计算、模式识别等各种智能计算技术,对随时接收的跨地域、跨行业、跨部门的海量数据和信息进行分析处理,提升对物理世界、经济社会各种活动和变化的洞察力,实现智能化的决策和控制。

常见的物联网技术包括自动识别技术、传感器技术、图像采集技术和定位跟踪技术。

1. 自动识别技术

物联网中的自动识别技术在工程建造智能化管理中应用广泛,主要包括条形码和二维码技术、RFID技术和其他识别技术。

在施工现场,条形码技术主要被应用于建筑材料和机械设备的管理,通过移动终端设备扫描,实时获取管理数据,完成材料计划、采购、运输、库存的全过程跟踪,实现材料精细化管理。伴随着移动互联网的快速发展,二维码技术由于其快捷、方便的特性被广泛应用于建筑施工行业,包括建筑施工设备巡检二维码、配电箱巡检二维码、施工安全巡检二维码、施工质量检查二维码、实体质量检查二维码、试块养护二维码、安全教育二维码、班前安全活动二维码、施工日志二维码、安全技术交底二维码、技术交底管理二维码等。

RFID技术是物联网技术的核心,它是一种用于自动实时识别的无线通信技术,通常由一个阅读器和多个电子标签组成。每个RFID电子标签都具有唯一的电子识别码,存储着被附着物体相关的属性信息;阅读器通过天线发送出射频信号,在空间耦合磁场下自动识别目标对象并进行非接触式的信息交换,完成信息的接收和读取。RFID技术目前广泛应用于供应链物流管理等多个领域,在建筑工程领域,RFID技术可以用于装配式建筑的项目管理,通过在预制构件中设置电子标签,实时追踪和监控构件的生产、运输及装配情况。

目前应用于施工现场的自动识别技术还有人脸识别技术。通过人的脸部特征,可以准确、快速地辨识每一个人员,由此获得进出工地人员的身份信息;相对传统的刷卡、指纹采集,人脸识别技术具有更明显的优势,它的非接触性和不易复制性既保证了便利性,又提高了安全性能。并且,人脸识别简单易用,适用范围广,无论是在出入口或是在办公室、升降机内,均可设置相应的配套产品。

2．传感器技术

传感器网络（wireless sensor networks，WSN）是一种分布式传感网络，它的末梢是可以感知和检查外部世界的传感器。传感器技术是获取信息的一个重要手段，其与通信技术和计算机技术共同构成信息技术的三大支柱。传感器技术已被应用于环境保护、资源调查、工业生产以及文物保护等广泛领域，其特点主要包括数字化、智能化、系统化、网络化，是实现自动检测和自动控制的首要环节。

施工现场的传感器主要用于采集施工构件的温度、变形、受力等数据。目前施工现场常见的传感器包括：重量传感器、幅度传感器、高度传感器、回转传感器、运动传感器、旁压式传感器、环境监测传感器、烟雾感应传感器、红外传感器、温度传感器、位移传感器等。重量传感器、幅度传感器、高度传感器和回转传感器可被用于塔式起重机、升降机等垂直运输机械的运行状态监控，对塔式起重机、升降机发生超载和碰撞事故进行预警和报警。运动传感器既可以用于施工机械的运行状态监控，记录机械运行轨迹和效率，也可以进行劳动人员运动和职业健康状态监测。旁压式传感器主要用于卸料平台的安全监控。环境监测传感器负责施工现场各区域的劳动环境监测。烟雾感应传感器主要用于现场防火区域的消防监测。红外传感器主要用于周界入侵的监测。温度传感器对混凝土的养护以及冬期施工的环境温度进行控制。位移传感器主要用于检测诸如桥梁和房屋结构构件的变化、房屋的倾斜、沉降、地质预警等。

3．图像采集技术

目前，图像采集技术在施工现场的应用主要集中在三维激光扫描。

三维激光扫描技术是20世纪90年代中期开始出现的一项高新技术。它可以大面积、高分辨率地快速获取被测对象表面的三维坐标数据；可以快速、大量采集空间点位信息，快速建立物体的三维影像模型。三维激光扫描技术利用激光测距的原理，通过记录被测物体表面大量的、密集的点的三维坐标、反射率和纹理等信息，快速复建出被测目标的三维模型及线、面、体等各种图件数据。由于三维激光扫描系统可以密集地大量获取目标对象的数据点，相对于传统的单点测量，三维激光扫描技术也被称为从单点测量进化到面测量的革命性技术。该技术在建筑规划、土木工程、工厂改造、室内设计、建筑监测、交通事故处理、法律证据收集、灾害评估、船舶设计、数字城市、军事分析等领域也有很多的尝试、应用和探索。三维激光扫描系统包含数据采集的硬件部分和数据处理的软件部分。按照载体的不同，三维激光扫描系统又可分为机载、车载、地面型和手持型几类。例如，高速三维扫描仪，采用激光技术只需数分钟即可生成复杂环境几何结构的详细三维图像；其配有触摸操作屏，用于控制扫描功能和参数；最终的图像是由数百万彩色点的点云组成，可用来对现有环境进行数字化再现。

在建筑领域，三维激光扫描技术展现出了巨大的潜力。在建设工程施工阶段，三维激光扫描技术可以用于土石方填挖测量、数字化虚拟安装、工程质量验收和建筑变形监测等方面。在土石方填挖测量方面，传统的测量方式难以满足不规则、异形基坑数据的采集，三维激光扫描技术具有客观收集扫描物三维数据信息的特点，通过对基坑的快速数据扫描，可结合计算机数据处理软件，得出任何横断面位置填挖方的体积等。在数字化虚拟安装方面，大型工程建筑涉及很多异形钢结构、巨型桁架等,在安装过程中,难度大。通过三维激光扫描技术,将巨型、异形钢结构进行三维数据采集,再导入计算机中,进行预拼装检测,预拼装合格后,再把钢构件运输到建筑现场进行真正的安装,三维激光扫描技术将钢铁厂中无法实现的预安装检测通过数字化技术得以实现,起到了预先检测的功能。在工程质量验收方面,通过三维激光扫描技术对现场进行数据采集与整理,与工程设计图进行误差分析,可客观得出项目是否达到可验收的标准。在建筑变形检测方面,通过三维激光扫描技术对建筑物墙面的数据采集,与之前的数据信息进行对比,可实现墙面、地面等平整度检测。

4.定位跟踪技术

定位跟踪技术主要包括室外定位跟踪技术和室内定位跟踪技术。室外定位跟踪技术通常称为全球定位系统(global positioning system,GPS),是一种基于卫星导航的定位系统,其主要功能是实现对物体定位以及对速度等的测定,并提供连续、实时、高精度的三维位置、三维速度和时间信息,在各个领域得到较广泛的应用。近年来,GPS 技术在高层建筑施工的放样与定位、大坝建设与监测、道路及桥梁的定位与控制等方面有着广泛的应用前景。在室内环境无法使用卫星定位时,使用室内定位跟踪技术作为卫星定位的辅助定位,解决卫星信号到达地面时较弱、不能穿透建筑物的问题,最终定位物体当前所处的位置。室内定位是指在室内环境中实现位置定位,主要采用无线通信、基站定位、惯导定位等多种技术集成形成一套室内位置定位体系,从而实现人员、物体等在室内空间中的位置监控。它解决了GPS 技术在环境复杂条件下应用的问题,为复杂施工条件下确定人员、车辆的位置信息和提高施工现场人、机、料等管理能力提供了技术保证。目前,我们常见的室内定位跟踪技术包含 Wi-Fi,低功耗蓝牙(bluetooth low energy,BLE)、紫蜂(ZigBee)、超宽带(ultra wide band,UWB)、RFID 等技术,根据应用场景的不同,可以采用不同的技术以满足客户的需求。

3.1.3 移动互联网技术

移动互联网是移动通信技术、终端技术和互联网融合的技术,相比传统的互联网,移动互联网可以随时随地访问互联网。工业和信息化部电信研究院认为,移动互联网就是以移动网络作为接入网络的互联网和服务,其组成要素包括移动终端、移动网络和应用服务。其中,移动终端是指智能手机、平板电脑等便捷设备,相应的移动互联网技术包括终端软硬件、操作系统、节能、定位、上下文感知和人机交互等;移动网络是指移动通信网络接入,相应技术包括无线接入网(比如 2G、3G 和 4G 蜂窝网络,WMAN、WLAN 和 WPAN 等)、异构无线网络融合等;应用服务是指休闲娱乐、工具媒体等各类应用程序及服务,涉及技术包括移动搜索、移动社交网络、移动互联网安全等。

移动互联网的特点主要有以下四点:①移动性:终端是可移动的,用户可以在移动状态下随时随地使用终端接入和获取互联网服务;②隐私性:移动互联网的应用服务和内容对用户个人隐私十分注重;③局限性:移动互联网的网络和终端能力通常会受到多种因素的限制;④关联性:移动互联网所提供的应用内容与网络技术和终端的类型紧密相关。

移动互联网技术在建筑领域的应用还处于早期发展阶段,目前仅在现场管理沟通、建筑施工教育方面有一些实践。在相关研究中，移动互联网技术在施工供应链和现场信息交互方面有较大的应用前景。例如，传统的施工供应链无法进行实时的信息交互，而移动互联网使之成为可能。各个供应商和相应的运输车辆可以及时分享信息，这从整体上提高了施工供应链的管理水平；施工现场的移动互联网也使施工机械，如塔式起重机能够实时与安全监控系统进行通信，提高塔式起重机的主动安全防护能力。在智慧工地的框架下，移动互联网技术将作为一个重要的信息传输技术，方便进行施工人员间、施工机械设备间、人员与设备间随时随地的信息交互。

3.1.4　云计算技术

云技术是指在广域网或局域网内将硬件、软件、网络等系列资源统一起来，实现数据的计算、储存、处理和共享的一种托管技术。云技术是基于云计算商业模式应用的网络技术、信息技术、整合技术、管理平台技术、应用技术等的总称，可以组成资源共享池，按需所用，灵活便利。云计算技术是云技术的重要支撑。云计算是一种按使用量付费的模式，这种模式提供可用的、便捷的、按需的网络访问，进入可配置的计算资源共享池（资源包括网络、服务器、存储、应用软件、服务），这些资源能够被快速提供，只需投入很少的管理工作，或与服务供应商进行很少的交互。云计算技术是网格计算、分布式计算、并行计算、效用计算、网络存储、虚拟化和负载均衡等计算机技术与网络技术发展融合的产物。它旨在通过网络把多个成本相对较低的计算实体，整合成一个具有强大计算能力的完美系统，并把这些强大的计算能力分布到终端用户手中。

云计算技术的特点主要有以下四点：①虚拟化：云计算技术的核心和基础，通过虚拟平台可以完成数据的管理、部署和迁移等功能；②动态可扩展：通过高速计算可以实现相关软件应用和资源空间的动态扩展；③分布式：大规模的服务器群组成并行和分布式的系统，通过网络连接协同利用资源；④按需服务：根据用户的不同需求，云计算可以自动、快捷地提供相应的资源和服务，配置不同的计算能力。

云计算技术的服务模式由下至上包括基础设施即服务（IaaS）、平台即服务（PaaS）、软件即服务（SaaS）三个层次。其中，IaaS 是指硬件基础设施，提供虚拟化计算和存储资源的供应配置服务；PaaS 是指程序开发和运行的平台环境，提供资源管理和数据处理服务；SaaS 是指应用程序软件，提供面向终端用户的互联网软件访问和应用服务。利用云计算强大的数据存储能力和高速运算能力，与大数据、BIM 等技术结合可以有效助力对工程项目产生的海量数据进行集成管理。云存储是在云计算概念基础上形成的一种新兴的网络存储技术，核心是对海量数据的存储和管理，将数据资源放至云端，使用者可随时随地通过网络获取被存储的数据。

在工程建造智能化管理过程中，云计算技术作为基础应用技术是不可或缺的，物联网、移动应用、大数据等技术的应用过程中，普遍搭建云服务平台，以实现终端设备的协同、数据的处理和资源的共享。用户只需要在手机上安装 APP，注册后就可以使用，可避免在施工现场部署网络服务器，简化了现场互联网应用，有利于现场信息化的推广。

3.1.5　大数据技术

"大数据"具有更强的决策力、洞察力和流程优化能力。它是一种规模大到在获取、存储、管理、分析方面大大超出传统数据库软件工具能力范围的数据集合,其具有海量的数据规模、快速的数据流转、多样的数据类型和价值大等四大特征。大数据技术有 5 个核心部分,即数据采集、数据存储、数据清洗、数据挖掘、数据可视化。大数据可应用于包括智慧城市、城市交通医疗、金融、城市规划、汽车、餐饮、电信、能源、建筑和娱乐等在内的社会各行各业。制造业利用工业大数据提升制造业水平,包括产品故障诊断与预测分析工艺流程、改进生产工艺、优化生产过程能耗、工业供应链分析与优化等,利用大数据和物联网技术的无人驾驶汽车,在不远的未来可能走入人们的日常生活。在能源行业,随着智能电网的发展,电力公司可以掌握海量的用户用电信息,利用大数据技术分析用户用电模式,可以改进电网运行,合理设计电力需求响应系统,确保电网运行安全。物流行业利用大数据技术优化物流网络,提高物流效率,降低物流成本。城市管理可以利用大数据技术实现智能交通、环保监测、城市规划和智能安防。大数据的价值远远不止于此,大数据对各行各业的渗透,大大推动了社会生产和生活的发展,未来必将产生重大而深远的影响。

与传统数据相比,大数据有 4 个特点:①总量大:海量的数据规模是大数据最基本的特征,数据量的积累可从 TB 级增加到 PB 级甚至 EB 级,呈几何级数不断增长;②种类多:数据类型不再是单一的结构化数据,还包括半结构化、非结构化的数据,如图片、视频、音频、网页等多种形式,数据来源逐渐丰富;③速度快:随着数据的快速产生和流转,对于大数据处理的时效性也提出了更高要求,数据分析的过程必须保证实时高效;④价值高:大量的数据会导致其价值密度偏低,需要对大数据进行深度分析和挖掘,提取出其中有用的信息,进而转化为知识,释放潜在价值。

项目在施工过程中会产生海量数据,有工程进度数据、合同数据、质量检验数据和施工现场的监控视频等数据信息。随着工程建造智能化管理的应用,更多的物联网、BIM 技术被引入,建设项目产生的数据将成倍增加,数据量将是惊人的。这些数据充分体现了大数据的多源、多格式、海量等特征,对这些数据进行收集整理并再利用,可以帮助企业更好地预测项目风险,提前预测,提高决策能力;也可以帮助业务人员分析提取分类业务指标,并用于后续的项目。大数据云服务平台,打破了信息孤岛,将形成统一的数据共享平台。通过对建筑施工现场监管数据的挖掘、研究,可以利用大数据做好工程质量管控,通过对施工技术指标数据的挖掘、分析,实现工程质量的信息化监管;也可以利用大数据做好施工环境监测。环境监测系统利用云计算数据统计分析、传感器等技术,对施工噪声、粉尘等进行综合评估、风险预警,对监测到的分贝值、浓度值进行数据分析,根据相关标准进行自动运算,超出标准将自动报警提示;还可以利用大数据做好人员安全监管。将大数据技术应用到安全施工管理中,管理者可随时了解工人的工作状态。通过对阶段用工情况进行数据统计,系统会自动统计分析出每一个项目阶段所涉及的班组工种、工日、工时等相关数据,对用工超时、危险作业等紧急情况进行数据分析,一旦发现异常,系统会自动将数据传输到终端,进行自动报警提示,并联动其他通知方式,避免疲劳施工,保障并提高务工人员及项目的安全性,确保施工人员的安全。

大数据改变了互联网的数据应用模式,为各行业的发展带来新机遇。大数据在工程建设领域的应用主要是通过采集、存储、分析、展示在建工程项目全生命周期产生的数据,从中汲取知识、预测未来、风险管理,辅助项目进行系统性决策,以促成项目。

(1)基于大数据的工程招投标。目前,我国招投标过程中仍存在如串通投标、虚假招标等问题。通过对工程大数据的收集、存储、分析后,既能快速核实招投标中各方信息,预测招投标相关情况,还能为交易决策提供强有力的数据支撑。此外,基于工程大数据,还能统计行业内的信用信息,建立招投标市场主体履约信息系统,促进工程招投标过程的公平、公正、公开。

（2）基于大数据的施工管理。如在安全管理方面,工程项目具有一定复杂性,传统施工项目难以对人、材、机等进行有效控制和管理,规避安全隐患。而通过工程大数据的采集、存储、分析等环节实现其有效利用,并对工程项目安全进行风险预测;如在进度管理方面,现阶段的施工进度计划管理难以离开现有的软件以及部分进度管理系统,基于现有软件、系统收集的进度数据,并对其进行汇集、分析,可得出影响进度的因素及工期履约情况;如在质量管理方面,依靠对工程大数据分析,施工单位能够全面掌握混凝土抗压强度、钢筋的焊接等数据,从而有效预判、管理和解决施工质量问题;如在环境管理方面,施工单位可利用建筑废弃物监管系统,实现对现场废弃物的计量、运输、处理等环节的信息化管理,政府则能宏观了解项目废弃物的总体排放、回收情况。

3.1.6　GIS 技术

地理信息系统（geographic information system,GIS）技术是多种学科交叉的产物。它以地理空间为基础,采用地理模型分析方法,在计算机硬件、软件系统支持下,对整个或部分地球表层（包括大气层）中的有关地理分布数据进行采集、储存、管理、处理、分析、显示和描述。地理信息技术以独特的空间观点和空间思维,从空间要素之间的相互联系和相互作用出发,揭示各种物体与现象的空间分布特征和动态变化规律。随着三维空间信息获取技术的发展,大规模、高精度、低成本数据的获取成为现实,大幅降低了三维应用建设成本。虚拟现实、增强现实、3D 打印等新技术也在积极地与 GIS 技术融合。

GIS 技术主要有以下四个特点:

（1）从地球表面扩展至全空间。三维 GIS 技术不仅支持侧重表达物体表面或轮廓的数据模型,如倾斜摄影模型、激光点云,也支持能够表达物体内部结构的数据模型,如 BIM、三维实体数据模型,将对地理空间的表达扩展至地理信息全空间。

（2）多源数据融合。将获取的倾斜摄影、BIM、激光点云等三维数据与传统的影像、矢量、地形数据、精细模型、地下管线、水面数据等多源数据进行融合,提高了智慧景区、矿山和流域、地下管网及铁路、列车虚拟仿真等三维应用场景的建模成本和精度。多源异构三维空间数据及其在 Web 应用的增长,要求形成统一的数据规范和服务标准,以实现数据的共享和互操作。

（3）Web 端三维空间可视化。随着 Web 标记语言 HTML5 技术和标准的普及,作为其重要特性的 WebGL（即 web graphics library,Web 图像库,是一种 3D 绘图协议）,支持浏览器加速及三维图形的渲染和交互,通过 5G 网络传输能力等优势,丰富地形、实体模型和三维实景等空间信息及空间分析结果的可视化表达,为构建 B/S 架构的三维 GIS 应用提供了可行性。

（4）三维 GIS 标准化与数据共享。三维数据呈现多源异构互不兼容的特点,为实现不同格式三维数据的共享和互操作,Skyline 的 3DML 等众多数据标准先后推出。在所有数据源都采用统一的数据和服务规范的情景下,海量三维数据在异构三维系统间的高效传输与解析成为现实,大幅降低三维 Web 应用的建设难度和建设成本。

随着城市信息模型(city information modeling,CIM)概念的提出,GIS+BIM 技术在水利工程、轨道和市政工程、地下空间管理、场地分析、城市规划建设管理、建筑文物保护修复等方面的应用开始起步,处于探索阶段。GIS 技术主要用于宏观区域,包括基础地理数据、规划信息、地上地下管线系统、道路系统、人口信息等,可以为 BIM 从设计到施工各阶段提供强有力的空间分析和决策支持。BIM 技术用于微型单体建筑,涵盖结构、空间、消防、水暖等数据,通过多源异构数据融合,突破传统 GIS 以地图为模板的间接建模方法,将地球上每一栋建筑、每一间房子联系起来,实现对室内空间的精细化管理。

GIS+BIM 技术集成,形成了宏观到微观、地上到地下、空间关系和属性关系等的表达互补,实现室内外三维空间的一体化无缝衔接。基于 GIS+BIM 技术的三维 CIM 平台如图 3.3 所示。

图 3.3　基于 GIS+BIM 技术的三维 CIM 平台

(1)工程规划。通过 GIS+BIM 技术的应用,可以共享建筑空间信息和周围地理环境,从而降低建筑空间信息成本。结合 GIS 技术对区域地理环境进行空间分析,综合考虑资源配置、市场潜力、交通条件、地形特征、环境影响等因素,在区域范围内选择工程项目建设的最佳位置。通过 BIM 技术生成的建筑模型,模拟工程项目建设中的各个阶段数据的准确性和及时性,提高工程项目前期规划的科学性、合理性。

(2)工程设计。通过 GIS+BIM 技术的应用,实现 BIM 与无人机实景三维模型、影像地形、CAD、点云等多元空间数据的融合,将微观设计数据与宏观地理环境联系起来,满足工程建设模拟可视化的需求。通过平纵横联动的三维空间模型展示工程建设模拟效果,为工程建设方案比选和设计成果审查提供直观的依据,为地形复杂区域工程项目设计方案决策提供信息化支持。

(3)工程施工管理。通过 GIS+BIM 技术的应用,提高长期工程项目和大型区域工程项目的管理能力。BIM 的应用对象往往是单个建筑物,利用 GIS 宏观尺度上的功能,可以将 BIM 的应用范围扩展到道路、铁路、隧道、水电、港口等工程建设领域,实现基于 GIS 的全线宏观管理、基于 BIM 的标段管理以及全线、标段精细化管理相结合的多层次施工管理。

（4）安全风险管理。通过 GIS＋BIM 技术应用，可以在精确地理位置、空间地理信息分析和构筑周边环境的基础上，提高 BIM 模型建筑信息的完整性，对建筑项目实施过程进行数据监控和施工模拟，开展工程项目安全风险管理。例如，消防救援，不仅要分析事故现场周边环境，同时也需要了解建筑物内部的空间构造，如果能及时调用该建筑物的 BIM 模型，结合实景三维模型，就可以实现宏观到微观的精细化消防抢险，最大限度地保障人民群众生命财产安全。

3.1.7　区块链技术

区块链是一种按照时间顺序将数据区块以顺序相连方式组合成的链式数据结构，并以密码学方式保证的不可篡改和不可伪造的分布式账本。广义来讲，区块链技术是利用区块链式数据结构来验证与存储数据，利用分布式节点共识算法来生成和更新数据，利用密码学的方式保证数据传输和访问的安全，利用由自动化脚本代码组成的智能合约来编程和操作数据的一种全新的分布式基础架构与计算范式。

区块链技术主要有以下几个特点：

（1）去中心化。去中心化是区块链最本质、最突出的特点，又称分布式特点。区块链网络内没有中心管制，除了自成一体的区块链本身，通过分布式核算和储存，内部的各个节点都可以记账并进行自我验证、储存和管理，这个过程不依赖第三方管理机构，从而规避了操作中心化的弊端。

（2）可追溯性。每一个区块都记录着前一个区块的哈希值（即 HASH，来源于密码学的一个函数），区块与区块间形成了一条完整的链，这使得区块链的每一条记录都可以通过其链式结构追本溯源。

（3）开放性。区块链技术基础是开源的，除交易各方的私有信息被加密外，区块链的其他数据对外公开透明，任何人都可以读写相关区块链数据，开发相关应用。

（4）安全性。任何个人或机构想要改变区块链网络内的信息，都需要掌握整个系统中超过 51％的节点，而这个过程难度极大，这便使区块链本身变得相对安全，避免了恶意的数据篡改。

（5）匿名性。单从技术上来讲，区块链是基于算法以地址来实现寻址的，各区块节点的个人身份不需要公开或验证，信息传递可以匿名进行，这也是区块链不可控的一点。

区块链系统具有以上显著特点，使得区块链技术在金融、物流、数字版权、工程建设等领域有着广泛的应用。

（1）基于区块链技术的工程招投标。建设工程项目在传统招投标过程中，往往会在资格预审和评标等环节耗费大量的时间和精力，借助区块链技术的不可篡改性，建立一个建筑行业资信平台，可以辅助身份验证，从而极大简化招标资质审核过程，使工程招投标更加透明、招投标结果更加可信。

（2）基于区块链技术的施工管理。施工管理是利用区块链技术的安全性、不可篡改性和可追溯性的特点，并借助自主可控区块链底层、"云架构＋微服务"、"智能水印＋防止截屏"等技术，不仅具有高安全、高可用的特性，还支持弹性扩展，保证数据真实，防止次生管理问题，既保障了建设工程质量安全，也提升了对工程建设质量安全的监督管控和预警能力。2020 年 1 月，住房城乡建设部提出以区块链等技术为支撑，在湖南省、深圳市、常州市开展绿色建造试点工作,推动智慧工地建设和智能装备设备应用,实现工程质量可追溯,从而提高了工程质量和管理效率。

3.1.8　虚拟现实与增强现实技术

　　虚拟现实(VR)是一种能够让用户创建和体验虚拟世界的计算机仿真技术,利用计算机生成一种交互式的三维动态视景,其实体行为的仿真系统能够使用户沉浸到该环境中,并实现人与虚拟世界的交互功能。比较而言,增强现实(AR)是一种把真实世界信息和虚拟世界信息"无缝"集成的技术,并进行一定互动的技术,真实世界和虚拟世界两种信息相互补充、叠加,被人类感官所感知,从而达到超越现实的感官体验。虚拟现实技术和增强现实技术目前都还处于技术发展的初级阶段,但其价值已经得到了工业界和学术界广泛的认可,可以被广泛地应用到军事、医疗、建筑、工程、娱乐等领域。

　　虚拟现实技术主要包括模拟环境、感知、自然技能和传感设备四个方面。模拟环境是由计算机生成的、实时动态的三维立体图像。感知是指 VR 应该具有人所具有的感知,除视觉感知外,有些虚拟现实系统还有听觉、触觉、力觉、运动等感知,甚至还包括嗅觉和味觉等感知。自然技能是指人的头部转动,眼睛、手势或其他人体行为动作,由计算机来处理参与者的动作数据,并对用户的输入做出实时响应,并反馈到用户的五官感知。传感设备是指三维交互设备。

　　虚拟现实技术主要有以下三个特点:①沉浸性。也称临场感,作为虚拟现实技术的最主要特征,它是指用户从心理和生理上感受到置身于计算机所创建的三维虚拟环境的真实程度。②交互性。这是一种近乎自然的交互,是用户对虚拟世界中对象的可操作程度和从环境中得到反馈的自然程度(包括实时性)。③构想性。也称想象性,是用户进入虚拟空间,实现与周围对象的交互,进而扩宽事物的认知范围,以创造出真实世界不存在或不可能发生场景的能力程度。

　　基于上述特性,虚拟现实技术可应用于建筑工程项目全生命周期的各个阶段:

　　(1) 虚拟现实技术在设计阶段的应用。设计人员利用 VR 技术可以可视、动态、全方位地展示建筑物所处的地理环境、建筑外貌、建筑内部构造和各种附属设施,使人们能在一个虚拟环境中,甚至在未来建筑物中漫游。目前,VR 技术已成为建筑方案设计、装修效果展示、方案投标、方案论证及方案评审的有力工具。

　　(2) 虚拟现实技术在施工阶段的应用。在三维可视化虚拟环境中,设计人员可利用 CAD 设计软件建立对象结构实体模型,将模型的几何信息输入有限元分析软件(如 ANSYS 等)中,建立三维可视化有限元模型,然后对有限元模型进行计算分析。将有限元模型数据和分析结果数据分别存入相应的数据库中,并转化成图形数据文件,表达为图形或图像的形式,使设计人员沉浸在三维可视化的虚拟环境中观察模型的模拟和计算,并实时地对模拟过程进行修改,直到获得满意的方案。最后将最优施工方案的结果存入数据库,为绘制施工图提供可靠依据。

　　(3) 虚拟现实技术在运维管理阶段的应用。在设施管理中,运维人员借助 VR 技术,根据建筑内部各系统中实际设施设备、管线之间的关系,搭建三维可视化模型,对吊顶、地下部分等隐蔽工程和可见部位的状态进行实时检测,并进行快速维护管理。

　　增强现实技术是由一组紧密联结的硬件部件与相关的软件系统协同实现,主要包括以下三种组成形式。计算机显示器的 AR 实现方案是摄像机摄取的真实世界图像,输入计算机中,与计算机图形系统产生的虚拟景象合成,并输出到显示器。用户从显示器上看到最终的增强场景图片。光学透视式是利用头盔显示器显示增强部分的图像,真实世界图像从光学透视镜传入,从而达到增强图像和真实图像合成的功能。视频透视式则采用了拥有视频合成技术的穿透式头盔显示器。视频摄像头获取真实世界图像,在后台与增强图像进行合成,最后将合成图像传输到显示器供人观看。

增强现实技术主要有以下三个特点:①虚实交融。也称虚实结合,是将虚拟对象合成或叠加到真实世界,实现虚拟环境与真实环境的融合,强化真实而非完全替代真实。②实时交互。是用户进入虚实融合的环境后产生的一种具有"真实感"的复合视觉效果场景,该场景可以跟随真实环境的变化而改变。③三维注册。又称三维沉浸,指利用用户在三维空间里的行为来调整计算机中的虚拟信息,使用户的心理和生理在虚拟世界中得到的认知体验与真实世界中的一模一样,甚至超越在真实空间的体验感。

在建设工程施工阶段,技术员与工人在施工现场利用 AR 技术所形成的图像进行交底,如图 3.4 所示。如利用 BIM 软件或其他 3D 类软件,制作工法样板相关模型以及工艺工序动画,封装以后,载入 AR 平台,通过这类平台对现实环境进行扫描,从而将制作的 BIM 模型与现实环境关联,投影到现实世界的图样中。此种方式将纸质版的施工工艺方案作为 AR 施工的触发载体,结合方案中涉及的 BIM 节点、工艺流程动画等,直观感受需要被建造的结构及其与现实空间的关系,并且快捷查看建筑信息。相比前一种交底方式的 BIM 模型,此图像更为直观,让人更容易理解空间关系。这种方法操作简单,性价比较高。

图 3.4　基于增强现实技术的建筑施工

在建筑工程领域,虚拟现实与增强现实技术的应用已经得到了一定的关注。目前认为,两种技术在与 BIM 技术集成后能够发挥最大的功能。BIM 技术构建了建筑的虚拟模型,结合虚拟现实技术,可以让施工人员虚拟沉浸在 BIM 建筑模型中,如让建筑工人体验在建造环境中发生各种危险事故的模拟场景。增强现实技术可以帮助补充一些难以实时获取的施工现场信息,如让施工人员对施工构件的定位、属性、施工做法、标准等重要施工信息的查看。在工程建造智能化管理的框架下,虚拟现实技术和增强现实技术属于应用层的功能。虚拟现实技术可在实时收集现场信息的虚拟世界中进行用户沉浸。而增强现实技术可以利用实时更新的数据,实现对施工现场信息的实时补充。

3.2　智能分析相关技术

3.2.1　机器学习

机器学习是人工智能的分支,它赋予了计算机利用样本数据自主学习特定知识的能力,近年来机器学习领域的实际应用和研究呈爆炸性增长趋势。目前机器学习主要被应用在聚类和回归两类应用中。监督式学习、半监督式学习和非监督式学习是机器学习的三种学习方式。监督式学习需要完整的训练样本信息,包括样本数据的参数输入与表现输出;半监督式学习利用的训练样本信息不完整,部分样本有完整输入和输出,另一些样本的表现输出信息缺失;非监督式学习需要的训练样本只有输入信息,将通过学习算法自主对样本进行分类。

机器学习已经被广泛应用在如搜索引擎、机器人控制、推荐系统、医学诊断、信用卡欺诈监测等各个领域。通过对大数据的学习,它在各个领域都展现出了极强的能力,并具有极强的通用性。在建筑工程领域,机器学习被用于建筑运营能耗预测、建筑使用行为预测以及工人行为识别。例如,利用机器学习算法建立建筑设计早期阶段的建筑能耗估计模型,以早期设计的外墙材料性能和厚度便可以大致估计建筑运营能耗;利用非监督式机器学习算法处理插头负载传感器数据,分析得到不同的建筑使用行为;利用传感器的加速度信号,在利用数据对机器学习模型进行训练之后,机器学习实现了工人行为的识别,为建筑工人的行为监控、施工安全、施工效率等方面的管理提供支持。

在工程建造智能化管理的框架下,机器学习将作为重要的智能分析方法之一。工程建造智能化管理系统收集了建筑施工过程的大量过程数据,机器学习算法可以对收集到的数据进行处理、分析、学习,从数据中自动获取知识,用于各种建筑施工决策支持。例如,利用视频监控系统收集施工现场的视频信号,机器学习算法可对视频信号进行处理,实现安全设置状态识别、危险行为识别、现场危险事件预测等。最常见的应用包括安全帽/安全带佩戴识别、安全围挡竖立状态识别等。机器学习的大数据处理能力,以及极强的通用性,使其将成为工程建造智能化管理重要的分析工具之一。

3.2.2　决策理论

决策理论是把系统理论、运筹学、计算机科学等学科综合运用于管理决策问题形成的一门有关决策过程、准则、类型及方法的较完整的理论体系。决策理论已形成了以诺贝尔经济学奖得主赫伯特·西蒙(Herbert Simon)为代表人物的决策理论学派。决策理论的发展始于 20 世纪初到 50 年代的古典决策理论,它把决策者在决策过程中的行为假设成完全理性的,认为决策的目的是获得最大的经济效益。行为决策理论的奠基人西蒙认为,理性的和经济的标准都无法确切地说明管理的决策过程,进而提出"有限理性"标准和"满意度"原则;当代决策理论是继古典决策理论和行为决策理论之后的进一步发展,其核心内容是:决策贯穿于整个管理过程,决策程序就是整个管理过程。决策一般分为确定型决策、风险型决策和不确定型决策三类。确定型决策又分为静态确定型决策和动态确定型决策两种。不确定型决策分为静态不确定型决策和动态不确定型决策两种。风险型和不确定型等决策问题，都是随机性决策问题。

决策理论的种类较多,其中具有代表性的理论包括以下几种:

(1) 完全理性决策论。又称客观理性决策论。代表人物有英国经济学家边沁、美国科学管理学家泰勒等。他们认为人是坚持寻求最大价值的经济人,经济人具有最大限度的理性。

(2) 有限理性决策论。代表人物是西蒙。他认为人的实际行动不可能完全理性,决策者是具有有限理性,但只能在供选择的方案中选出一个"满意的"方案。

(3) 理性组织决策论。代表人物有美国组织学者马奇。他承认个人理性的存在,并认为由于人的理性受个人智慧与能力所限,必须借助组织的作用。

(4) 现实渐进决策论。代表人物是美国的政治经济学者林德布洛姆。他的理论的基点不是人的理性,而是人所面临的现实,并对现实所作的渐进改变,而决策者根据现实情况作出应对局面的决策。

决策理论包含的研究内容多种多样,如确定型决策分析、风险型决策分析、贝叶斯分析、多目标决策、多属性决策、序贯决策分析、竞争型决策分析、群决策等。各种类型的决策贯穿于整个建筑施工过程,因而决策理论在建筑施工领域广泛应用。例如,基于模糊决策理论和多属性决策的施工招投标评标、工程质量以及工程设计方案进行的排序。在工程建造智能化管理框架下,完成的数据采集、信息传输、分析处理将会得到相应的决策表现结果。而决策者的最终决策还受到了众多因素影响,如感知效用、认知偏差、多目标权衡等。如何利用表现结果进行合理的决策,是建造项目管理者需要解决的问题。决策理论和方法将为建筑项目管理者提供科学决策过程的支持。

3.2.3　计算机模拟

利用计算机对真实世界进行模拟的方法被称为计算机模拟。众多的真实世界系统由于造价、时间、危险性、可观测性等原因,无法进行直接的试验,计算机模拟就成为有效的研究手段之一。可以利用模拟技术对不同条件下研究系统的最终表现和运行状态进行模拟,以此支持最初的系统优化设计。计算机模拟的方法众多,包括基于数值模拟、主体的模拟、多主体模拟、离散事件模拟、连续事件模拟、系统动力学等,已经被用在电器、机械、化工、热力、社会事件、经济事态等各个领域的系统,为理解系统运行、预测表现结果、优化系统设计、控制系统运行提供重要的支持。计算机模拟的发展与计算机本身的迅速发展息息相关。它的首次大规模开发是著名的曼哈顿计划中的一个重要部分。在第二次世界大战中,为了模拟核爆炸的过程,人们应用蒙特卡罗法进行了模拟。计算机模拟最初被作为研究其他方面的补充,随着计算机的发展,计算机模拟技术的能力和重要性逐渐提升,它成为一门单独的课题被广泛使用。

计算机模拟的大致过程为建立研究对象的数学模型、描述模型,并在计算机上加以体现和试验。研究对象包括各种类型的真实世界系统,它们的模型是指借助有关概念、变量、规则、逻辑关系、数学表达式、图形和表格等系统的一般描述。把这种数学模型或描述模型转换成对应的计算机上可执行的程序,给出系统参数、初始状态和环境条件等输入数据后,可在计算机上进行运算得出结果,并提供各种直观形式的输出。还可改变有关参数或系统模型的部分结构,重新进行运算,分析不同运行参数下系统的表现结果,帮助进行系统优化和控制。

计算机模拟在建筑施工领域也得到了广泛的研究。例如,针对大坝的施工过程,不同的施工组织将会影响整个施工过程的效率表现,可利用施工过程模拟,比较不同的施工组织安排,为合理的施工组织设计和工程进度的管理与控制提供支撑。由此可见,由于施工过程的现场试验存在困难,计算机仿真技术可以对施工现场进行模拟,得到不同管理决策下的施工表现结果,帮助进行较优的施工决策。在工程建造智能化管理的框架下,根据实时收集的现场信息,将帮助模拟技术构建符合施工现场实时状况的计算机模型。根据此模型,计算机模拟将实现当前状态,或其他干预情况下的未来施工表现情况预测。工程建造智能化管理框架下的计算机模拟帮助实现了施工过程实时的表现跟踪和动态分析。

第4章

装配式建筑工程建造智能化管理应用

　　基于 BIM 技术的装配式建筑工程建造智能化管理系统能够较好地解决传统建造模式中存在的不足,能够实时、精确地将各种信息技术在实际工程中使用,解决工程建造中的信息孤岛、实现参建各方协同运作,在实际使用的过程中能够有效地节省设计和施工成本,降低资源浪费,还能对建筑施工的流程进行全过程管理,同时其管理效率也能达到信息化和数字化的要求,对于建筑工程的发展有着重要意义,是当前我国建筑行业发展过程中必不可少的一种信息技术。建筑工程的开展要加强对智能技术和信息技术的运用,通过工业思维来持续创新装配式建筑施工工艺,要将装配式结构构件作为建筑工程的独立单元,还要实现结构设计和生产以及运输等诸多环节的智能化管理。这个过程中,在工程施工环节加强对专业系统以及自动化设备的运用,能够有效实现对装配式建筑从设计到完工的智能化和可视化,从而有效生成系统的产业链。与此同时,运用在线协作管理平台也能实现对整个项目施工的有效管理。

4.1　装配式办公楼案例

4.1.1　工程概况

　　本案例为中国移动南方基地二期工程二阶段项目,位于广州市天河区中国移动南方基地园区,建筑面积为 10.5 万 m^2,工程示意见图 4.1。项目包含 3 栋单体建筑,结构主体采用钢筋混凝土框架结构体系。20.1 栋办公楼地上 7 层,标准层高 4.2m,单层面积 3660m^2;20.2 栋办公楼地上 7 层,标准层高 4.2m,单层面积 3680m^2;20.4 栋办公楼地上 7 层,标准层高 4.2m,单层面积 2480m^2;地下室建设地下 2 层,层高 3.9/5.85m,单层面积 177300m^2。

4.1.2　建造智能化管理技术体系

1. BIM 技术及云平台

1) 装配式施工方案模拟

采用预制钢筋混凝土柱、梁及叠合板,预制混凝土构件质量大、构件类型多,预制构件堆放区布置、构件运输路线选择与构件吊装工程协调及安全管理难度大。为此基于预制构件 BIM

图 4.1　中国移动南方基地二期工程示意

深化模型、预制构件节点安装深化、装配式专项施工方案等相关工程资料,对重要技术手段、整体流程通过 BIM 技术进行模拟分析,如图 4.2 所示,辅助其进行了专家会审及施工现场技术交底。

通过 BIM 技术优化预制构件的规格种类后,减少加工厂生产预制构件所需的模具共 15 套(其中预制柱模具 4 套,预制叠合梁模具 8 套,预制楼梯 3 套),节约预制构件生产模具成本。以装配式建筑第 3 层为例,经过计算,深化图总量含梁现浇部分钢筋用量与原图比较减少约 1891.91kg,20.4 栋装配式建筑共 7 层,钢筋用量减少约 13243.37kg。

2)施工交底

在施工过程中,由各专业 BIM 工程师联合专业负责人以 BIM 为工具,对施工班组进行逐级交底。为落实施工过程中按预防为主、先导先试点的原则,采用样板段施工漫游＋质量样板区的做法,将抽象的设计要求和繁复的质量标准、规范、规程等具体化、实物化,使施工管理人员的工作、现场操作看得见、摸得着,以样板工程示范,引领后续工程的标准化施工,提高了项目的施工工艺水平和技术质量管理水平。

3)施工场地布置

在项目实施过程中,已根据本项目场地、施工组织设计和进度安排完成不同阶段的现场总平面场地布置模型的相关工作,各阶段场地布置模型分为基坑开挖阶段、支护阶段、地上结构施工阶段、二次结构装饰装修阶段。

2. 现实增强技术

为保证竣工 BIM 模型与施工现场的一致性,BIM 工程师在施工过程中,定期对已完工程进行模型比对,模型位置与现场实际位置不一致,导致比对工作量较为困难,为有效地解决这一问题,通过使用移动端模型浏览 AR 功能,在同一界面直观审查模型与现场的一致性,其应用场景见图 4.3。

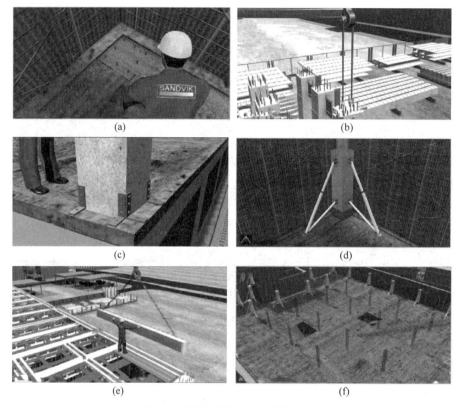

图 4.2　装配式施工方案模拟场景

(a) 施工前弹线定位；(b) 预制柱吊装；(c) 预制柱固定；(d) 斜支撑布置(施工措施)；
(e) 预制梁吊装；(f) 现浇构件钢筋的布置

图 4.3　AR 对比模块应用场景

4.1.3　建造智能化管理技术应用

1. BIM 技术应用

1）各专业 BIM 模型

通过 Revit 软件对中国移动南方基地二期工程二阶段项目(20.1、20.2、20.4 栋及地下室)进行模型的搭建,包括各单位工程的建筑、结构、机电、装修等专业,并在模型建立的过程中,及时发现图纸错误及专业间的碰撞问题,以问题报告(问题点的详细描述二、三维截图)的形式记录各问题点,并及时交由设计人员进行整改,保证设计图纸的质量。

2）图纸校审

各专业 BIM 工程师在图纸校审过程中，及时将图纸错误（错、漏、碰、缺）进行记录，形成问题清单册，并随时跟踪设计图纸修改情况，将设计图纸问题的处理形成闭环。

3）管综出图

在全专业机电管线优化完成后，对其管线集合优化后的 BIM 模型进行净空分析、管线集合出图，并由建设单位联络设计单位进行图纸确认，以有效指导施工实施过程中的安装。

4）施工现场信息同步更新

利用 BIM＋云平台施工过程记录采集现场施工信息，基于 BIM 技术及云平台，使现场施工内容与云平台数字化模型关联，对施工中各施工区域、各个构件施工情况进行实际记录，使施工过程可追溯。

5）Revit 二次开发——图纸校审

通过 Revit 二次开发，在 Revit 交互界面进行图纸问题记录，实现高效、便捷问题整理，如图 4.4 所示。

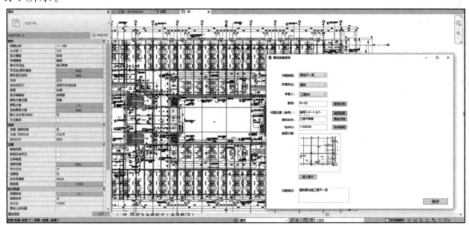

插件交互界面

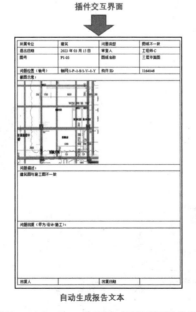

自动生成报告文本

图 4.4　Revit 二次开发应用于图纸校审

6）Revit 二次开发——非几何信息录入

BIM 模型的应用不仅包括几何模型，还包含非几何信息，通过 Revit 二次开发，借助插件实现非几何信息读取，数据快速反向录入。

常规信息录入困境为：需要人力对构件进行一一录入，即使同类型设备型号，信息也无法批量录入，设备编码需依次排序，且容易产生遗漏情况，极大地限制了数据录入效率。

此技术应用借助 Revit 软件明细表功能导出具有构件 ID 字段信息的 Excel，利用 Excel 便于复制、编码可自动累加的优势，进行信息填写，最终通过插件读取 Excel 表格，实现数据反向录入，如图 4.5 所示。

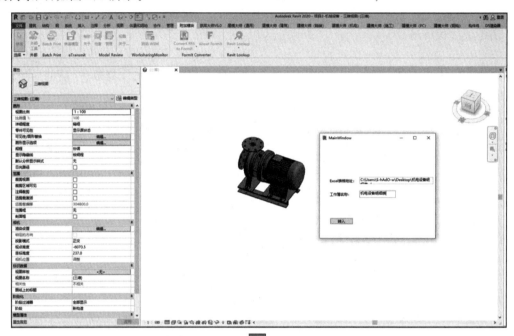

读取Excel表格

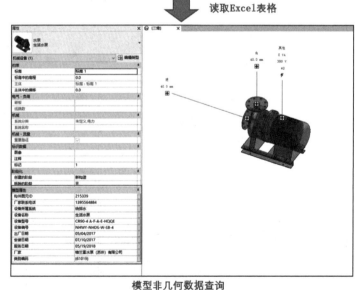

模型非几何数据查询

图 4.5　Revit 二次开发应用于非几何信息录入

7) Revit 模型材质修复

Revit 模型在导入 5G＋智慧工地管理平台时,往往模型中构件外部材质无法有效地导出,为解决这一问题,基于 3DMax 进行二次开发,借助 3DMax 软件进行材质修复,并再次导出通用 3D 模型文件,使得项目管理平台可更加真实地展示出来,如图 4.6 所示。

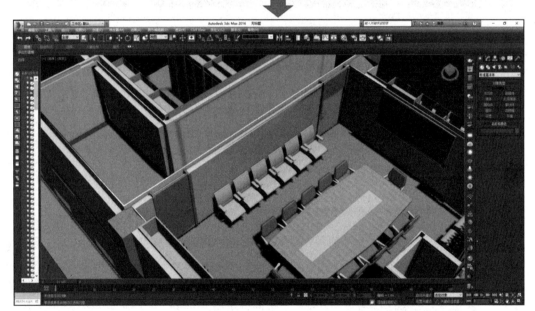

图 4.6　Revit 模型材质修复

2. 装配式建筑施工应用

(1) 预制构件优化。利用 BIM 技术对装配式构件整体布置、拆分、节点设计及构件编号,在满足结构设计要求的情况下,对各楼层建筑平面功能布置进行更改,进而对原设计图纸预制构件规格进行归类、整理优化。合并规整预制柱 7 种,预制梁 14 种,预制板 22 种,楼梯 1 种。预制构件的优化不仅实现了构件生产的标准化、通用化,还提高了生产和安装效率。

（2）预制构件连接模拟。本工程采用钢结构-混凝土装配式结构构件,属于新技术应用。预制构件生产精度要求高,为保证现场焊接质量及结构安装时的垂直度,借助 BIM 技术进行预制构件深化工作,细化至节点连接螺栓、开孔,根据预制构件出筋规格、长度,深化定位措施(定位钢板)等特征。

通过创建预制柱、预制梁和预制叠合板等相关预制构件 BIM 模型,模拟梁-柱、梁-梁、叠合板连接节点的连接方式,如图 4.7 所示,研究其连接的可行性,以此指导现场实际施工。通过优化钢筋及螺栓的分布位置,减少了施工过程中可能出现的碰撞问题和现场返工问题。

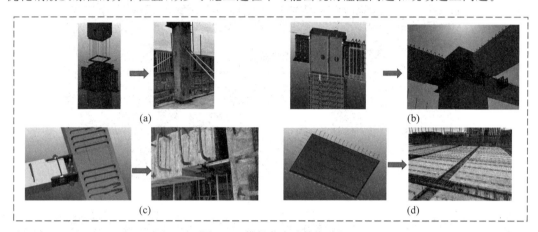

图 4.7　模拟节点连接方式
(a) 上下层柱连接；(b) 梁-柱连接；(c) 主次梁连接；(d) 叠合板安装

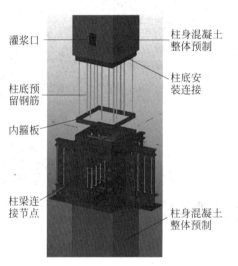

图 4.8　柱连接

① 柱连接节点:上下节柱头钢连接件于现场熔透焊接安装,如图 4.8 所示。

② 柱梁连接节点:预制柱、梁均带有安装钢节点。现场安装时,将梁垂直吊入柱端钢连接件 T 型钢,用高强螺栓扭紧固定,于现场整体浇筑混凝土时一并封闭,则完成该处梁柱节点安装,如图 4.9 所示。

③ 梁与梁连接节点:梁梁节点与柱梁节点做法相近。现场安装时,将次梁垂直吊入 U 型钢槽口内,用高强螺栓扭紧固定,于现场整体浇筑混凝土时一并封闭,则完成该处梁梁节点安装,如图 4.10 所示。

④ 梁板连接节点:预制叠合板采用国标做法,叠合板与梁连接方式同样采用国标做法,梁板连接节点如图 4.11 所示。

（3）预制构件运输过程优化。模拟装配式施工安装过程,通过对预制构件进行编号,从预制构件制作、运输、进场、安装等各方面,为施工提前部署运输吊装计划。预制构件生产过程由参建单位派人监管,可利用加工厂摄像头结合萤石云网络视频平台,预制构件加工厂开辟监控端口,使加工厂生产监控共享于项目云平台,实现远程"云监工"。

预制构件加工完成,由工厂至施工现场,进行"三个流程"的施工管控,完善对运输过程的管理,如图 4.12 所示。

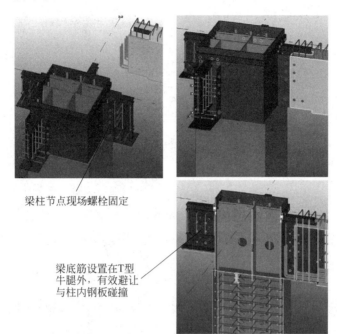

梁柱节点现场螺栓固定

梁底筋设置在T型牛腿外,有效避让与柱内钢板碰撞

图 4.9　柱梁连接节点

梁底筋

预留安装槽口

图 4.10　梁与梁连接节点

3. 5G＋智慧工地应用

1) 5G＋智慧工地简介

为推进智慧工地建设,助力建筑业持续健康发展,所搭建的 5G＋智慧工地管理平台融入了 5G 通信技术、智能感知设备、预制构件实时物流跟踪等,并结合项目实施过程中的管理重难点问题进行了综合优化配置,建立了十大应用模块,包括项目简介、智慧工地、质量管理、安全管理、进度管理、5G＋无人机航拍、5G＋视频监控、点云扫描、构件跟踪、劳保管理,系统拓扑图如图 4.13 所示。作为中国移动下属建设项目,本项目智慧工地加入 5G 移动通信网络,5G 网络的引入从传输上对智慧工地的管理进行了优化升级。

2) 项目简介模块

本应用模块包括项目概况、项目进度概览、现阶段工期节点表、十大分部分项及项目重大节点影像资料展览。通过这一模块,提高各实施关联方对项目的整体理解与把控:①项

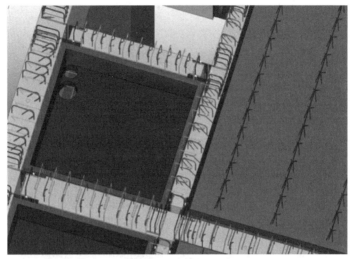

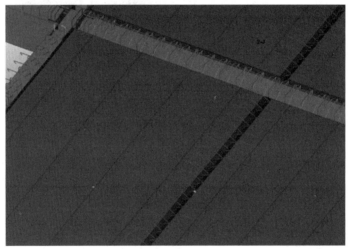

图 4.11　梁板连接节点

云平台视频监控

过程运输
(无线车载监控)

构件加工厂
(管理系统APP扫描)

施工现场
(扫描二维码验收)

图 4.12　物联网跟踪流程

目建设效果全方位、动态展示,督促管理者时刻把控项目质量;②项目整体实施工期及剩余工期时刻提醒,时间观念深入每位管理者的内心;③当前项目节点时间预警,保证每一个关键节点的顺利实施、完成;④十大分部分项施工状态进度展示,从全局把控项目进度。

图 4.13　5G＋智慧工地系统拓扑图

3）5G＋智慧工地布置概览

基于施工现场的布置情况建立数字化施工模型,集合临时办公区、临时生活区、施工材料放置区及加工区、施工机械设备、视频监控设备、出入口道闸、扬尘监测设备等,施工管理人员可通过智慧工地模块对整个施工场地进行整体了解,并对施工机械运行状态进行实时监测,做到机械故障、安全隐患的提前预防,建筑及设备整体布置概览如图 4.14 所示。通过数字化监控、智慧运维管理,减轻现场施工工人的工作负担,极大地改进了工程管理人员的工作效率,提高了施工现场的智能化水平。

图 4.14　建筑及设备整体布置概览

塔式起重机、施工电梯上传感器、定位器、视频监控等均使用无线网桥与 5G 局域网连接：

① 通过人脸识别设备控制操作司机持证上岗；

② 通过变幅、高度、回转等传感器，实现塔式起重机的运行姿态模拟，实现塔式起重机防碰撞预警；

③ 通过载重等传感器反馈的信息数据，分析塔式起重机的吊重、吊次，从而合理规划场地平整布置，调整维护保养周期，施工机械运行状态界面如图 4.15 所示。

图 4.15 施工机械当前运行状态查询界面

现场布置环境监测，监测扬尘、噪声、温湿度、风速风向等，智能喷淋系统，设置阈值，当指标超标时，喷淋雾炮可以自动开启，操作界面如图 4.16 所示，也可以设置定时或用手机程序来远程关闭。

图 4.16 环境监测设备数据读取

4）质量管理

用于记录施工质量过程数据，形成施工过程数据库，包括进场材料报验历史数据、第三方检测历史数据、专项验收数据，对施工过程历史数据归类、汇总、存储，以便于施工各类数据检索、查询。

5）安全管理

为避免项目施工过程中安全事故的发生，便于各实施关联方对安全监测各项数据的查询、警惕，本模块将所有安全监测设备数据与信息化模型进行了关联，在应用界面中点击设备模型即可查询到监测设备当前的各项监测数据，如图 4.17 所示。通过曲线图辅助管理人员预判安全事故发生的可能性，及时采取措施，如图 4.18 所示。通过安全监测设备的感知和数据的深度学习，"了解"工地的过去，"清楚"工地的现状，"预知"工地的未来，实现对施工现场安全的全方位管控。

图 4.17　各项安全监测设备在施工场地的分布

6）点云扫描

为提高点云扫描的效率，本项目采用移动式点云扫描仪，对项目完工情况进行点云扫描，如图 4.19 所示，并将点云数据导入 5G＋智慧工地平台中，以便进行工程数据反查。

7）无人机航拍

在进度管理方面，定期进行无人机航拍，采集项目现场施工进度实景数据，形成项目进度跟踪流线图，以便于实时查看整个项目的历史实施进度情况。各实施关联方对项目施工进度进行整体把控的同时，可借此进行进度全方位偏差分析，便于后续工作的持续改进，并根据进度偏差量，采取纠偏措施。

通过 5G＋无人机的综合性应用，实现无人机定期进行施工现场巡航、采集倾斜摄影数据，航拍数据实时传输，并由此进行三维实景模型的建立，界面如图 4.20 所示，通过本模块可直接进入倾斜摄影模型浏览，查看各施工节点下各工程部位的施工情况，形成历史工程数据，便于后期进行工程数据反查。

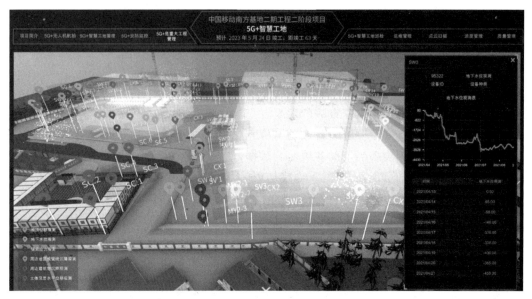

图 4.18　安全监测设备分析曲线

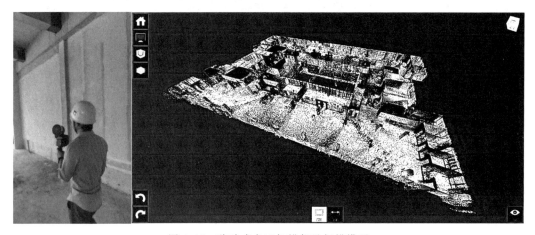

图 4.19　移动式点云扫描仪及扫描模型

8) 智能安全帽

使用自带感应、数据存储及定位功能的智能安全帽,通过 5G 无线传输,将数据实时传至 BIM 协同平台,经过后台算法处理,可进行施工人数统计、人工分布记录、人员行动跟踪、人员安全监控(脱帽、撞击、昏倒告警)等运用,为管理人员提供有效的劳务安全监控手段。

利用智能安全帽进行施工过程监控和巡检,利用配置防抖摄像头的智能安全帽,结合 Wi-Fi 模块,连接至 5G 网络下的局域网,借助 5G 网络的高速特性,实现对施工过程的全过程追踪;同时使用该类型安全帽,配合完成每日管理人员巡检,通过过程中影像留底,人员行动轨迹记录,使施工过程与施工过程管理有迹可循,实现流程再追溯,管理界面如图 4.21 所示。

9) 视频监控

由于施工现场环境复杂,传统通信技术无法有效传输现场信息,且光纤有线传输技术极

图 4.20　无人机三维实景模型

图 4.21　智能安全帽数据管理平台

易因光纤挖断导致传输中断,极大地限制了智慧工地平台的功能,故视频监控应用模块充分利用 5G 通信技术穿透性强、超高速率、低时延、高可靠性、兼容性强等优点,真正保证实时监控施工现场情况,第一时间排查现场质量、安全隐患及远程处理现场突发情况等工作,如图 4.22 所示,具体应用包括人脸识别、闯入识别、安全设备穿戴识别、智能地磅、车辆识别,极大地提高了施工管理人员的管理效率。

　　另外,施工场地内所有监控摄像均通过环境局域网接入视频监控 AI 总机,实现 7×24h 人工智能自动化安保,降低项目现场安保人员数量,视频监控 AI 总机实时将异常情况及监控数据发送至 5G＋智慧工地平台,通过 5G＋智慧工地系统(工地大脑)实现总控管理。其视频 AI 总机功能图如图 4.23 所示。

图 4.22　视频监控模块

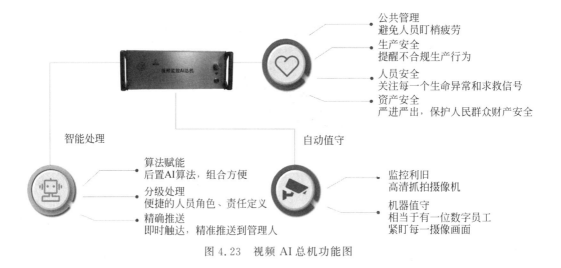

图 4.23　视频 AI 总机功能图

　　视频 AI 总机在数据端对施工人员的安全穿戴和行为以及违规进出工地人员进行面部、行为特征识别,并及时将异常数据传输至 5G＋智慧工地,降低数据传输、数据分析负重。

4.2　装配式住宅楼案例

4.2.1　工程概况

　　下面以深圳市长圳公共住房、龙华樟坑径保障性住房及深圳市坪山区安居凤凰苑 EPC 项目三个项目为例进行装配式住宅类型介绍。

1. 深圳市长圳公共住房项目

深圳市长圳公共住房项目(图 4.24)位于深圳市光明区光侨路与科裕路交会处东侧,是深圳在建规模最大的公共住房项目。该项目用地面积 20.7hm², 总建筑面积 109.78 万 m²,容积率 5.78。其中,住宅建筑面积 76 万 m²,商业建筑面积 6.5 万 m²,公共配套设施 3.2 万 m²。包括 24 栋公共住房塔楼和 3 所幼儿园,以及商业、公交站、社区配套等,项目采用装配式建造,未来可提供住房 9672 套。

图 4.24　深圳市长圳公共住房项目实景

2. 龙华樟坑径保障性住房项目

该项目位于深圳市龙华区樟坑径地块(图 4.25),规划建造 5 栋 28 层、99.7m 高的人才保障房,总建筑面积为 17.3 万 m²,预计提供 2740 套租赁住房,于 2022 年 6 月 28 日开工建设,由深圳市人才安居集团规划建设,中国建筑国际集团旗下中建海龙科技有限公司及中海建筑有限公司负责设计、采购及施工。

该项目采用中建海龙科技有限公司研发的装配式 4.0 核心建造技术,将建筑整体拆分为独立空间单元,每个空间单元的结构、装修、机电、给排水与暖通等 90% 以上的元素在工厂内完成,施工现场仅需要把每个单元像"搭积木"一样精细化组装,使得原本需要 2~3 年完成的百米高住宅建筑项目,一年内即可完成建设,相较传统建筑模式工期减少 60% 以上。

项目亮点包括智能建造(C-Smart 智慧工地平台,全生命周期 BIM 技术应用、数字化交付)、新型建筑工业化(装配式地下室快建成套技术、模块化集成建筑(modular integrated construction,MiC)体系、机电 DfMA 快建体系)、装配式装修、整体卫浴、集成式厨房等新技术应用。

图 4.25 龙华樟坑径保障性住房项目实景

3. 深圳市坪山区安居凤凰苑 EPC 项目

深圳市坪山区安居凤凰苑 EPC 项目(图 4.26)位于坪山区青松西路与翠景路交汇处,项目为 E+P+C(设计—采购—施工)总承包模式,总承包承担工程项目的设计、采购、施工、试运行服务等工作,并对承包工程的质量、安全、工期、造价全面负责。项目实施有以下重难点:

图 4.26 深圳市坪山区安居凤凰苑 EPC 项目示意

（1）工程体量大

项目建筑面积 44.6 万 m^2，场内有 9 栋超高层建筑，3 层地下室，2/3 层裙房商业，1 所幼儿园，是深圳市重大建设项目。同时，参建单位多达 104 家，项目管理难度大。

（2）装配式建筑

预制凸窗等大型预制构件对垂直运输设备要求较高、工程体量大，构件类型多，施工难度大。

（3）管线综合布置

专业工程内容多，各种管线及设备复杂，如何合理地确定施工顺序，高效地定位各种管道和设备的位置非常重要。

（4）场地狭小

项目占地面积 5.1 万 m^2，商业裙房占地面积 4.6 万 m^2，堆场占地面积大，交通组织难度大，红线与地下室边线距离仅 3m。

（5）精装施工

精装修的设计及施工难点在于装修方案的选择、复杂节点的控制以及装修效果的整体把握。

4.2.2 　建造智能化管理技术体系

1. 深圳市长圳公共住房项目

本项目以"统筹、保障、实施"为组织架构，制定从取得建设工程规划许可证开始，到项目交付竣工为止的一体化融合制造的工作流程，具体工作流程见图 4.27。通过符合装配式建筑技术特点的软件规划，用数字语言全面定义建筑产品。根据设计、构件加工、施工现场装配的内在逻辑关系，制定了各阶段的工作内容。

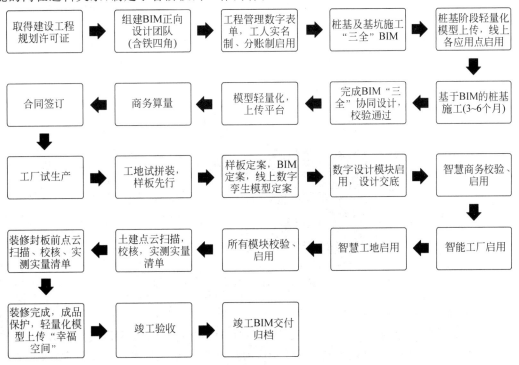

图 4.27　BIM 应用工作流程

通过建筑四大系统划分——围护系统、结构系统、机电系统、内装系统,实现标准化的预制构件设计,施工现场标准化的施工工艺,其应用逻辑框架如图 4.28 所示。

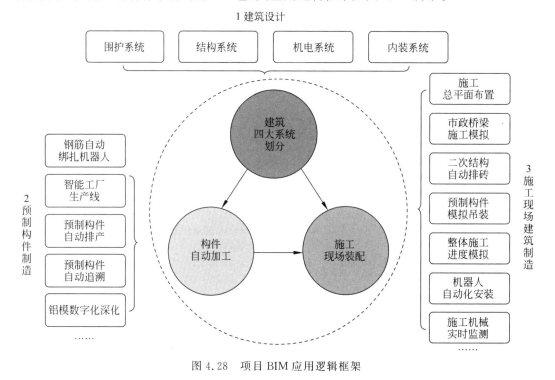

图 4.28   项目 BIM 应用逻辑框架

装配式应用体现在预制构件自动化生产环节,在建造智能化管理中有以下几个方面:

1)标准化设计

通过四个标准化(平面标准化、立面标准化、构件标准化、部品标准化),如图 4.29 所示,对建筑四大系统进行梳理,按照预制构件加工和装配的要求进行标准化设计,形成 $65m^2$、$80m^2$、$100m^2$、$150m^2$ 四种基本套型模块,最终组合成整体项目标准单元产品。

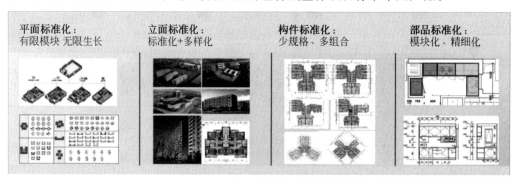

图 4.29   四个标准化

2)智能生产

贯通 BIM 数字设计与工厂智能生产装备数据接口,引进世界一流成套混凝土预制构件生产设备(德国艾巴维双皮墙生产线、比利时艾秀预应力空心板生产线、意大利普瑞钢筋加工生产线等),实现 BIM 直接驱动工厂自动生产线及工业化机器人智能化生产,如图 4.30 与图 4.31 所示。

双皮墙板生产线(进口)　　配套钢筋加工线(进口)　　长线台预应力生产线(进口)　　混凝土自动运输设备(进口)

叠合板生产线(自主研发)　长线法双T板生产线(自主研发)　固定模台生产线(国产)　　墙板生产线(国产)

图 4.30　自动化生产线

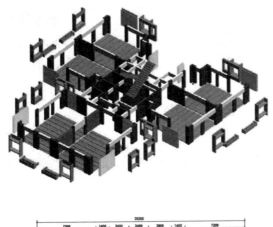
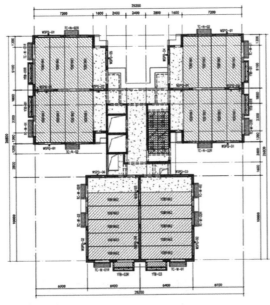
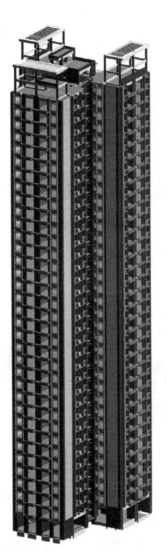

图 4.31　长圳项目 10 号楼构件组合、BIM 示意

其中,双皮墙板生产线可将 BIM 产品信息直接导入 E-bos 操作系统,由 Revit 程序控制清模、置笼、浇筑及养护等生产全过程,实现构件自动化生产,如图 4.32 所示。研发智能钢筋绑扎生产线,实现 3 万个预制凸窗钢筋笼的智能化生产,替代人工劳动,生产率提高 150%,尺寸误差<3mm。同时,设计阶段通过 BIM 模型提前考虑铝模与预制构件之间的关系综合设计,实现了铝模的标准化制造和施工现场的标准化工业生产,如图 4.33 所示。

图 4.32　预制构件自动化生产

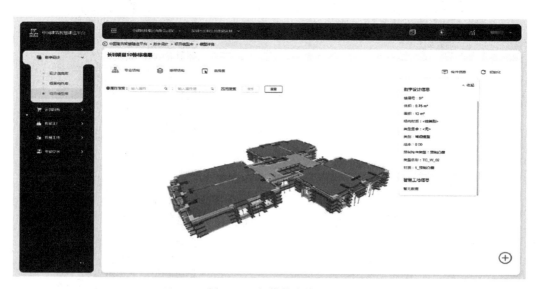

图 4.33　铝模数字模拟

2. 龙华樟坑径保障性住房项目

中建海龙科技有限公司 MiC 建造技术已突破混凝土模块技术楼层使用瓶颈,通过结构抗震试验研究技术、大震有限元分析技术、结构施工与运营阶段监测技术的应用,采用现浇混凝土剪力墙与连梁和混凝土组装合成技术等,使得项目建筑在抗震、隔声、防火、防潮等方面都有显著优势。

每个组装单元的楼板均采用多层隔声材料,相较传统现浇楼板,可有效减噪 3～5dB。建筑外墙由轻质隔墙、混凝土薄壳＋保温板的剪力墙组成,相较普通混凝土材料外墙可有效改善房间保温隔热性能。

龙华樟坑径地块项目通过采用 MiC 建造技术、BIM 信息模型技术、C-Smart 智慧工地平台,从工程设计、建材加工、施工建造、运营维护等不同环节寻找减排机会,因项目大部分工序均在工厂完成,且各流程实现信息互通,建筑物料使用精度更高、建筑设计方案更优、施工管理更精细,使得项目相较传统建造模式,可减少 75% 以上的建筑垃圾与 25% 以上的材料浪费,单位面积能耗相对国家建筑耗能基准减少 25% 以上。

同时,项目成立建筑废物再利用专家课题小组,将施工现场产生的废弃垃圾,经处理后可得到再生骨料和环保材料,大大减少了建筑垃圾排放。经专业检测,项目通过绿色建造技术的应用,并在废弃物、材料损耗、碳排放、能耗、水耗、污水、扬尘等 7 个指标上取得显著提高,具有助力推进建筑业加速实现"双碳"目标的示范性作用。

4.2.3　建造智能化管理技术应用

1. 深圳市长圳公共住房项目智慧工地应用

此项目通过自主知识产权打造装配式建筑智能建造平台,实现设计、加工、施工、商务、运维一体化的综合应用。

1) 空间监测

结合无人机与点云三维测绘机器人现场毫米级测绘扫描技术,构建时间和空间维度的工地大数据系统,自动对比测绘模型和 BIM 设计数据,点云三维测绘机器人设备如图 4.34 所示,无人机建模界面如图 4.35 所示。

图 4.34　点云三维测绘机器人

2) 施工模拟

根据基坑开挖、主体结构施工、装饰装修等各个阶段的需求,进行施工平面布置模拟、整体施工进度模拟、市政桥梁建造模拟、构件吊装模拟、机电设备安装模拟等。

3) 全生命周期构件追溯

BIM 模型轻量化引擎为每一个预制构件生成身份编码,通过扫码回溯信息,实现设计、生产、运输、施工进场、安装、验收全过程的追溯管理。

图 4.35　无人机建模界面

4) 不安全行为识别

结合 AI 自主学习技术和机器视觉技术,实时对现场人员不安全行为进行识别,加强项目安全管控。

5) 数字交付

竣工交付时,同步提供住宅的数字化全景使用说明书。隐蔽工程、机电设备、控制点位、追溯信息等,均在轻量化模型中与实体建筑同步孪生,并以 VR 的方式加以展现,可用于房屋维修、更新改造、运维管理等应用场景,并支持各种智能家居系统集成应用。

2. 龙华樟坑径保障性住房项目数字化技术应用

项目建成后是全国第一个混凝土 MiC 模块化高层建筑和全国第一个 BIM 全生命周期数字化交付 MiC 项目。此前,该项目也曾因为其科技建造、快速建造、绿色低碳等特点受到社会与行业的广泛关注。

1) 全生命周期的数字化技术应用

在设计阶段,项目通过 BIM 技术对建筑各类性能进行分析,得出最优设计方案。

在 MiC 模块单元生产阶段,通过 BIM 设计管理平台、工厂生产管理系统及智慧工地平台联动,为每一个 MiC 模块编码,附上身份标识号码(ID),管理人员通过手机扫码便可实时查看生产进度。

施工阶段,通过由中国建筑国际集团自主研发的 C-Smart 智慧工地平台,对现场交通运输、施工进度、吊装工序等进行跟踪、整合、分析,确保项目建设的高效高质量管理。

项目竣工后,建立项目数字化成果交付、审查和存档管理体系,为后期的项目运维服务提供充足的数据支撑。通过全生命周期的数字化技术应用,项目可以实现生产、运输、施工、运维无壁垒协调,达到跨越时间和空间的沟通交流,从而实现管理效率大幅提升及建造流程最优化。

2）项目数字化工厂系统

龙华樟坑径地块项目采用组装合成建筑法建造,让超过 90% 的建筑元素在工厂内完成,施工现场仅需完成地基处理、结构框架搭建、单元吊装、管线接驳等少量工序,可实现工厂、现场同时开工,使得原本需要 3～4 年完成的百米高住宅建筑项目,在一年内完成建设,相较传统建筑模式工期减少 60% 以上。

3. 深圳市坪山区安居凤凰苑 EPC 项目智能化技术应用

1）基于 EPC 集成应用

在部门和人员管理方面,部门设置简洁的工作界面,避免不必要的协调工作量,有利于总包内部管理协调以及业主与监理,特别是分包和总包的对接。管理人员一专多能、一人多职、一岗多能、学用相长。项目 BIM 部设置在 BIM 总监管理职责下,履行总承包管理 BIM 应用实施职能。将 BIM 部组成员按照设计、施工分成模型设计小组、施工应用小组、运维小组,施工应用小组履行对各专业施工分包管理职能。

BIM 设计与 EPC 管理在四个方面进行融合,分别是功能分析、施工模拟、限额设计、材料采购。BIM 助力设计与功能融合方面,利用 BIM 技术在项目功能设计过程中,对风能耗、消防疏散等多方面进行模拟,满足项目设计功能。BIM 助力设计与施工模拟融合方面,通过 BIM 模型进行施工模拟,优化设计方案,降低施工难度;将施工经验融入 BIM 设计中,避免现场返工。BIM 助力设计与限额融合方面,在设计阶段,通过 BIM 技术进行不同设计方案的对比,考虑成本信息,选择最优方案。BIM 助力设计与采购融合方面,通过 BIM 模型提量辅助材料设备报审,建立相应的衔接程序和作业文件,进行材料控制,为工程总承包项目创造客观效益。

项目采用设计施工管理平台,对技术、质量、安全、进度、成本等方面进行管理,其移动端界面如图 4.36 所示。BIM 设计管理平台是基于 BIM 理念和云技术架构的集成化协同平台,以模型为基础、信息为核心,提供 BIM 项目管理中的资源共享、标准落地、信息协同、成果管理、统计分析等功能,可与 BIM 软件工具结合,为项目 BIM 协同设计及协同管理提供整体解决方案。

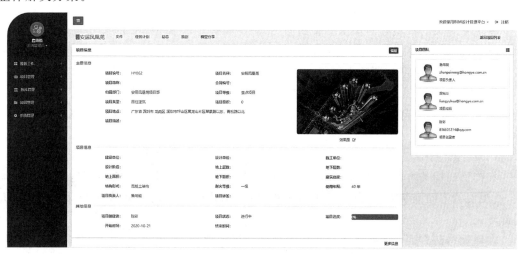

图 4.36　移动端界面

2）施工阶段基础应用

（1）土建应用

在工法样板方面，根据设计、施工要求做出各项工程具体施工顺序、工艺做法、实际使用材料的工程实样，包括重要的部位、关键的节点、新工艺新材料。将样板要求运用到每一道工序中，统一操作要求，明确质量目标，确保整个工程施工质量。

项目使用高支模三维模板脚手架设计软件，自动通过计算模型辨识高支模区域，针对不同区域的支模进行计算。弧形墙及弧形梁模板设计较为复杂，前期软件通过计算书导出相应的设计参数，结合三维模型制作成作业指导书，对管理人员及现场人员进行交底。

在安全防护方面，利用 BIM 模型进行危险边缘分析，快速统计需要增设安全防护栏的区域，曝光 80％安全问题，并根据边缘尺寸，计算出所需防护栏的数量，为施工现场的安全防护工作提供支持。

在砌体深化方面，利用 BIM 技术对二次结构砌筑墙体深化机电洞口并进行砌体排布，添加构造柱、圈梁等，统计用砖量并分析用砖损耗率，选用损耗率较小的排砖方案，并出具深化图纸；基于 BIM 技术的精准留洞，可以很大程度上提高留洞的一次成活率，避免返工。

（2）机电应用

BIM 小组前期针对项目机电管线编制管线综合实施方案，实施过程中对建模和调整中发现的问题进行汇总并讨论，提取工程量及施工效果展示，对模型进行初调，对关键和复杂区域开展方案论证会议，确定解决方案；解决管线碰撞，进一步优化模型，然后出图。

实施过程中对建模和调整中发现的问题进行汇总并讨论，解决项目设计图纸问题，共发现 815 个设计问题，包括建筑结构、机电、精装修、铝模等专业。通过多方协调例会制度，对深化设计方案的优缺点进行直观比较分析讨论，在满足工艺要求和减少施工造价中，寻找平衡点，确定最优方案，节约成本，提高施工效率。

通过生成碰撞检查报告，发现管线与管线交叉、管线与土建碰撞、空间高度不合理、管线高度不合理等问题，碰撞检查发现问题 56000 余处。根据碰撞结果按照难易程度分类列项汇总并解决管线碰撞，完成模型优化。综合模型优化完成后由模型生成综合图、专业图，提高现场施工效率。

将优化完成的模型导出预留套管剖面图，图中明确显示预留套管的尺寸与位置信息，针对 BIM 图纸的预留孔洞及底盒定位，施工前对施工班组进行交底，施工过程反复核对，严格按图施工，为套管预埋人员解决错漏问题，避免造成返工浪费。

将优化完成的 BIM 模型通过软件进行计算，可以快速提取项目工程量，还可以利用反查模式，使商务信息与模型信息关联，通过自研 Revit 插件，对机电管线进行施工用料的工程量切割统计。

（3）装修应用

在饰面砖铺装方面，利用 BIM 技术根据装修方案，对户内墙面、地面等进行饰面砖铺装，直观展示不同铺装方式，并对其进行分析对比，确认最终实施方案，导出工程量表，并进行施工。

在屋面排砖方面，利用 BIM 技术对屋面进行瓷砖铺装，直观展示不同铺装方式，并对其进行分析对比，确认最终实施方案，并进行施工。

在钢结构连廊提升方面,本工程 3 栋屋面钢结构连廊需进行整体提升,屋面连廊钢结构提升部分,长 24.8m,宽 17.7m,提升结构位于屋面层,跨度为 18.4m,提升高度为 99.6m,钢结构提升部分质量约 65t,混凝土楼板(楼承板＋钢筋＋混凝土)约 80t,提升总质量约 145t(不包含铝板及内部龙骨质量)。

钢梁共 73 根(其中包括 8 根主梁,65 根次梁),钢梁最大截面为 H1000×400×30×50,单根构件最大质量约 9.86t。劲性钢柱共 7 根(箱型柱 4 根,H 型钢柱 3 根),单根钢柱最大质量约 3.4t。钢材材质为 Q355B。除提升单元结构以外,所有构件均用现场塔式起重机进行安装,钢结构连廊实施流程如图 4.37 所示。

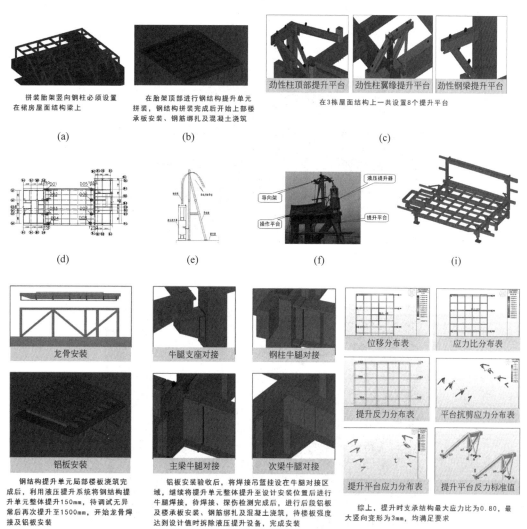

图 4.37　钢结构连廊实施流程

(a)拼装胎架设置;(b)钢结构提升单元拼装;(c)钢结构提升措施设置——提升平台;(d)钢结构提升措施设置——吊点设置;(e)钢结构提升措施设置——导向架;(f)钢结构提升措施设置——高空作业平台;(g)铝板及内部龙骨安装;(h)钢结构提升单元整体对接;(i)提升平台布置 3D 示意;(j)钢结构计算分析

3) 装配式预制构件

（1）族创建和深化设计。使用 BIM 技术创建预制构件族，包括叠合楼板、预制凸窗等构件，运用 Revit 软件实现快速、规范、精准的模型创建。为降低装配式建筑的设计误差，对装配式建筑的预制构件进行精细化深化设计，减少装配式建筑在施工过程中出现的装配式偏差，避免因为设计冲突造成的安装错误，避免返工，减少资源的相对浪费。

（2）线管深化。运用 Revit 软件进行线管模型创建并进行深化设计，线管深化局部模型及局部大样分别如图 4.38 和图 4.39 所示，能有效地避免因设计图出现问题而影响现场的施工进度。

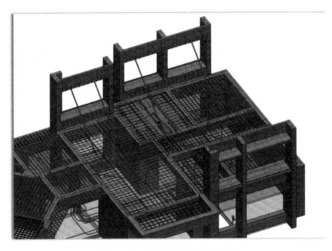

图 4.38   线管深化局部模型

图 4.39   线管深化局部大样

（3）凸窗安装。运用三维动画软件模拟预制凸窗安装步骤，如图 4.40 所示，在现场进行施工交底，提高施工人员安装质量和效率。

（4）装配式整体浴室

装配式整体浴室（也称整体卫浴、集成卫浴），是采用新型高科技材料，经过工厂预制化生

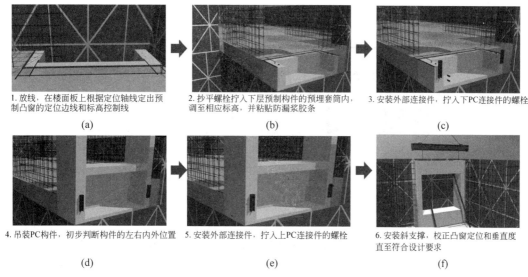

1. 放线，在楼面板上根据定位轴线定出预制凸窗的定位边线和标高控制线
(a)

2. 抄平螺栓拧入下层预制构件的预埋套筒内，调至相应标高，并粘贴防漏浆胶条
(b)

3. 安装外部连接件，拧入下PC连接件的螺栓
(c)

4. 吊装PC构件，初步判断构件的左右内外位置
(d)

5. 安装外部连接件，拧入上PC连接件的螺栓
(e)

6. 安装斜支撑，校正凸窗定位和垂直度直至符合设计要求
(f)

图 4.40　模拟预制凸窗安装步骤

产，制造出卫生间地面、墙面、天花，在项目施工现场通过拼接的方式，实现整体卫生间效果。装配式卫生间集成了洗漱、如厕、沐浴等配套设施，像生产汽车一样实现精密化生产，4h 即可完成一整套浴室的安装。应用片状模塑料(sheet molding compound，SMC)的系列整体浴室，基于 BIM 技术实现精密化生产，采用 SMC 复合材料，通过高温高压的方式，经过彩色覆膜技术，实现底盘、墙板、天花的一次性模压。具有美观、耐磨、防滑、节能、环保、防霉抑菌等优点。

　　施工应用小组提前深化模型，协同生产，及时跟进加工进度及材料用量，保证预制加工件质量，制作流程图如图 4.41 所示。浴室安装前做好现场技术交底，严格按照施工流程高标准施工，装配式整体浴室的应用提高了施工质量标准，极大缩短了工期。

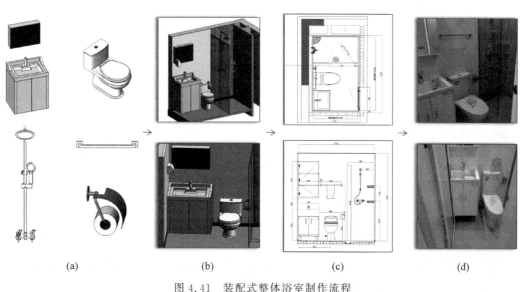

(a)　　　　　(b)　　　　　(c)　　　　　(d)

图 4.41　装配式整体浴室制作流程
(a) 族构件的建立；(b) 卫浴器具深化；(c) 卫浴深化出图；(d) 现场按图施工

第5章

大跨空间结构工程建造智能化管理应用

随着我国社会经济的发展以及人民对美好生活的向往,我国大跨空间结构得到快速发展,并广泛应用于体育、文娱、文旅设施、工业建筑、科学装置等领域。随着大跨空间结构建筑的结构规模以及复杂程度的不断刷新,发展高性能结构是实现大跨空间结构可持续发展的必由之路。对于大型钢结构建筑而言,在智能建造的过程中需要有效应用 BIM 技术的可视化和信息化等相关特点,针对性搭建信息协同管理平台,关键技术的参与能够提高信息化程度,在优化智能管理和提高效率的同时,降低施工对人力的依赖性,进而有效发挥 BIM 智能建造关键技术的优势,推动大型钢结构建筑建造水平的提升。

5.1 深圳国际会展中心案例

5.1.1 工程概况

深圳国际会展中心(图 5.1)总用地面积 125 万 m^2,总建筑面积 158 万 m^2,地下建筑面积(地下 2 层)62 万 m^2,地上建筑面积(地上 2~3 层)96 万 m^2,南北向长 1700m,东西向宽 540m,高 44.5m,最大跨度约 100m,整体建筑规划为三大功能分区:展馆、中廊、登录大厅。在工程特点上,深圳国际会展中心全球单体建筑面积大,总展厅面积大、单个展厅面积大,钢结构用钢量大,基坑土方挖运量大,无缝钢筋混凝土结构地下室面积大、长度长,机械设备一次性投入量多,金属屋面面积大、长度长。

5.1.2 建造智能化管理技术体系

该项目定制智慧工地管理平台,集成了劳务实名制管理系统、GPS 定位管理系统、物料验收称重系统和物料跟踪系统、质量和安全巡检系统、协筑平台系统,如图 5.2 所示,运用无人机逆向建模和热感成像技术以及总悬浮颗粒物(total suspended particulate,TSP)环境监测系统对现场进行智慧管理。项目指挥部以智慧大屏实时动态展示,并与项目搭建的 BIM 高精度模型结合应用,便捷高效地进行建设管理。

该项目搭建了智慧工地三级架构,其框架体系如图 5.3 所示。

指挥部管理平台:实现项目整体目标执行可视化、基于生产要素的现场指挥调度、基于

图 5.1　深圳国际会展中心效果

图 5.2　智慧工地管理平台

BIM 模型的项目协同管理。

项目部单项目管理平台：通过整合终端应用集成现有系统，实现对各项目部管理范围内的生产管理、质量管理、安全管理、经营管理等目标执行监控。

工区管理层终端工具应用：聚焦工地、施工现场实际工作活动，紧密围绕人员、机械、物料、工法、环境等要求开展建设，提升了工作效率，实现了项目专业化、场景化、碎片化管理。广泛应用新技术，应用云端＋、大数据、物联网、移动互联网、BIM 技术，实现了项目数字化、在线化、智能化管理。

5.1.3　建造智能化管理技术应用

1. 劳务实名制系统

项目高峰时期人员近 20000 人，规模等同于小型的社区，且人员流动频繁。项目采用劳

智慧工地简介——智慧工地框架体系

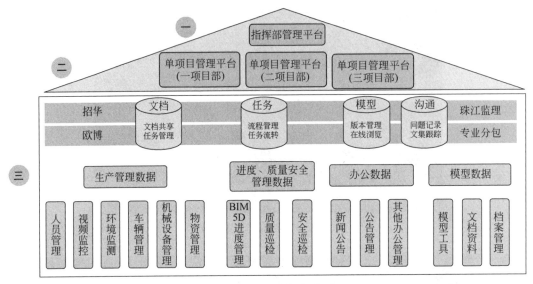

图 5.3   智慧工地框架体系

务实名制管理系统,集成各类智能终端设备实现实名制管理、考勤管理、安全教育管理、视频监控管理、工资监管、后勤管理以及基于业务的各类统计分析等,对建设项目现场劳务工人实现高效管理,系统设置如图 5.4 所示。项目的管理人员和劳务人员进场后即刻建立个人档案,绑定身份信息,通过规则设立将人员进行分类管理,防范不合规人员进场。办公区、生活区和施工区均设置门禁系统,刷卡出入,相关刷卡统计信息即时上传。在项目的智慧工地平台上可实时查询,便于掌控现场的工种配置及人员作业情况,劳务情况查询界面如图 5.5 所示。

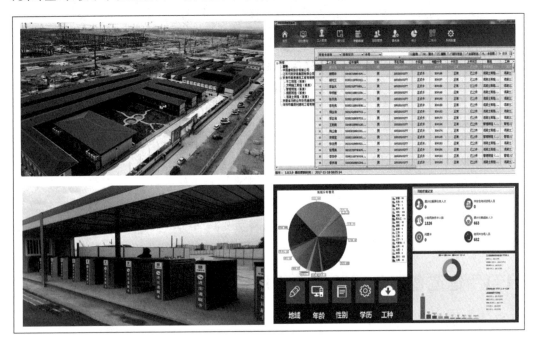

图 5.4   劳务实名制系统

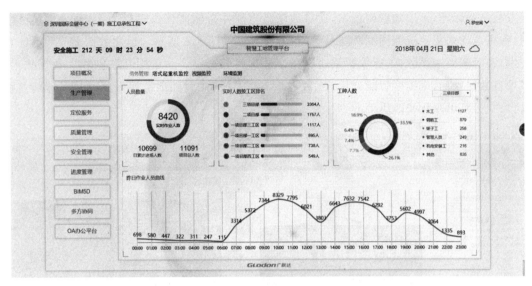

图 5.5　劳务情况查询

2.人员机械定位系统

通过定位芯片对管理人员和流动式起重设备进行定位,如图 5.6 所示,能及时了解对象在现场的位置信息,便于监管。

图 5.6　人员机械定位系统

3.物料跟踪验收系统

1)物料验收系统

施工现场商品混凝土、预拌砂浆、钢材、地材、水泥、废旧材料等进出场频繁,物资进出场全方位精益管理,运用物联网技术,通过地磅周边硬件智能监控作弊行为,自动采集精准数据,称重自动采集系统如图 5.7 所示,物料验收界面如图 5.8 所示。运用数据集成和云计算技术,及时掌握一手数据,有效积累、保值、增值物料数据资产。运用互联网和大数据技术,多项目数据监测,全维度智能分析;运用移动互联技术,随时随地掌控现场、识别风险,零距离集约管控、可视化智能决策。

图 5.7　称重自动采集

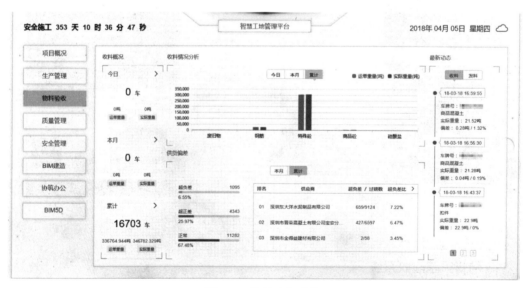

图 5.8　物料验收系统

2）钢结构全生命周期信息化管理平台

平台构件状态信息与加工图纸模型关联，在施工各阶段可查看施工清单、图纸、模型；通过物资管理平台形成堆场电子地图，实现堆场库位及材料的可视化管理；通过条码标签解决方案，对员工、零构件、工位等进行信息标定；项目现场持续进行构件验收、安装阶段扫码；通过平台核对构件验收、安装的数量是否与现场一致，保证构件跟踪的实时性；将构件验收情况生成二维码，粘贴在构件上，现场可随时查看检查记录，钢结构全生命周期信息化管理流程如图 5.9 所示。

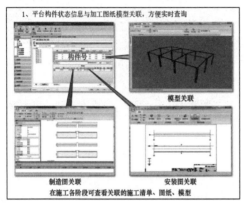

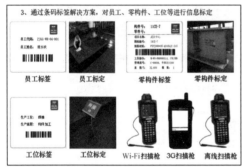

图 5.9　钢结构全生命周期信息化管理流程

4．进度管控系统

1）BIM5D 进度管理

通过广联达 BIM5D 的应用，完成项目进度计划的模拟和资源曲线的查看，直观清晰，如图 5.10 所示,方便相关人员进行项目进度计划的优化和资源调配的优化。

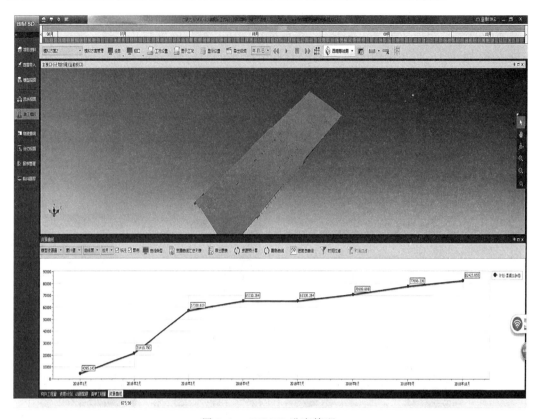

图 5.10 BIM5D 进度管理

将日常的施工任务与进度模型挂接,建立基于流水段的现场任务精细管理。通过后台配置,推送任务至施工人员的移动端进行任务分派。同时工作的完成情况也通过移动端反馈至后台,建立实际进度报告。

支持快速建立流水段任务管理体系,实现了基于流水段的现场任务精细管理。设置任务相关工艺、计划时间和责任人,通过将施工任务与施工工艺相互关联,工长或技术员、质量员在现场跟踪中可以查看任务的相关工艺要求,快速便捷地安排生产任务,如图 5.11 所示。

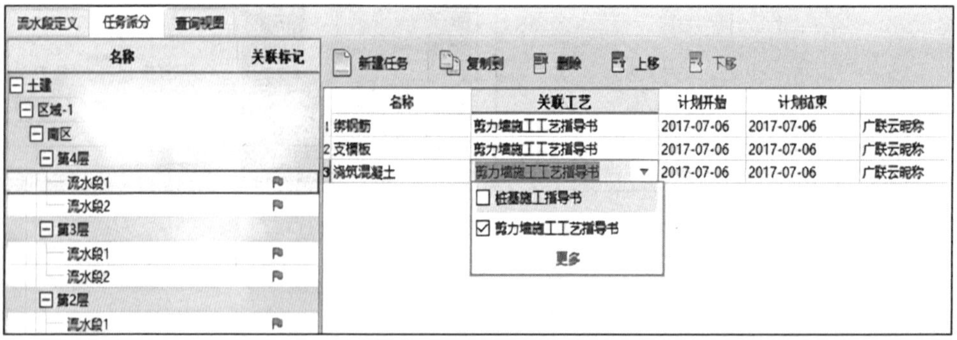

图 5.11 生产任务安排

　　工长在生产进度列表中总览派分给自己的全部流水段,点击某一流水段后,可以查看该流水段的全部施工任务,填报任务起止时间,填报任务的进度详情:照片、详情描述、延期原因和解决措施,实现了完善的移动端任务跟踪,如图 5.12 所示。

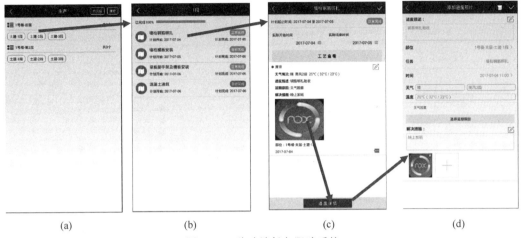

(a)　　　　　　　(b)　　　　　　　(c)　　　　　　　(d)

图 5.12　移动端任务跟踪系统

(a) 在生产进度列表中总览派分给自己的全部流水段;(b) 查看某一流水段的
全部施工任务;(c) 填报任务起止时间;(d) 在进度详情中添加自定义信息

2) 无人机进度跟踪

　　项目施工场地大,通过无人机航拍实现对现场施工的实况追踪。每周两次的固定航线拍摄,如图 5.13 所示,既方便项目各方及时了解现场的施工进度,也为后期积累大量的现场资料。

图 5.13　深圳国际会展中心(一期)航拍图

5. 质量巡检系统

　　项目上线质量巡检系统主要实现以下功能:质量检查标准移动端统一推送,现场质量问题实时拍照同步上传,质量问题统计分析,后台质量数据汇总,质量报告一键生成,看板质量问题快速查看等。质量巡检系统平台打造质量红黑榜,对优秀施工做法和质量缺陷警示进行定期(按月)公示,系统界面如图 5.14 所示。

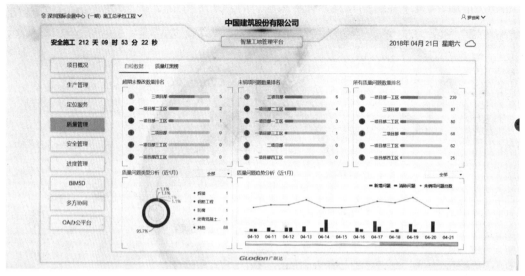

图 5.14　质量巡检系统

无人机逆向建模:通过无人机逆向建模技术,绘制现场的点云模型。辅助对土方量的商务测算和对基坑的位移变形分析,如图 5.15 所示。

图 5.15　现场的点云模型

无人机红外测绘:通过无人机下挂红外热像仪,可精准、快速地对现浇混凝土的温度变化、市政管道的渗漏点、屋面和幕墙的气密性进行检测,如图 5.16 所示。

图 5.16　无人机红外测绘

6. 安全巡检系统

项目上线安全巡检系统,以移动端为手段,以海量的数据清单和学习资料为数据基础,以危险源的辨识与监控、安全隐患的排查与治理、危大工程的识别与管控为主要业务,支持全员参与安全管理工作,对施工生产中的人、物、环境的行为与状态进行具体的管理和控制,通过"事前预防""事中管控"的方式杜绝事故的发生,为施工现场的安全管理提供完整的解决方案,如图 5.17 所示。

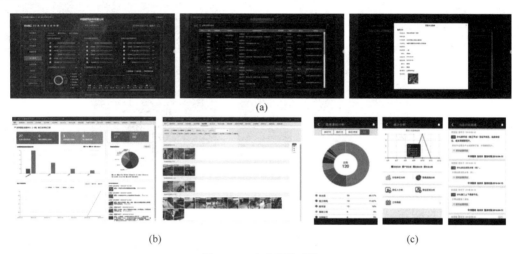

图 5.17　安全巡检系统

(a) 平台看板;(b) 网页版模块;(c) 手机 APP

主要实现功能:安全检查标准移动端统一推送;现场安全问题实时拍照同步上传;安全问题统计分析;后台安全数据汇总;安全检查报告一键生成;看板安全问题快速查看等,并通过 APP 开展"安全随手拍"活动,倡导全员参与安全管理。平台定期公示"安全随手拍"奖励排名。

采用集装箱抽屉式扩张的方式,在集装箱里完成对工人的 VR 虚拟安全体验和多媒体安全教育培训,并结合实体综合安全体验区,建成现实与虚拟多功能教育培训室,如图 5.18 所示。

图 5.18　安全体验区

7. 群塔作业安全监控系统

实现现场安全监控、运行记录、声光报警、实时动态的远程监控,使得塔式起重机安全监控成为开放的实时动态监控,并行接入项目管理平台,如图 5.19 所示。

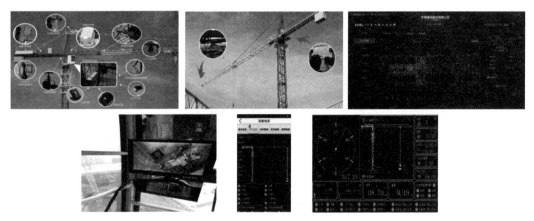

图 5.19　群塔作业安全监控系统

8. 协筑资料管理系统

本工程图纸版本多、模型文件多、参建单位多、报审资料种类多,为便于统一有序的管理,需要一个多方协同平台。

协筑平台可以支持 50 余种建筑行业常见文件格式在线预览,无须安装专业软件,随时随地、提升效率。桌面端和手机端均可在线打开图纸模型,无须安装应用软件。借助于云端的模型轻量化处理技术和模型动态加载技术,BIM 平台在 20s 左右即可在浏览器中打开全专业模型,极大地降低了用户访问 BIM 模型的门槛,如图 5.20 所示。

图 5.20　协筑平台系统手机端

在一个项目中,协筑平台完整地保存了每一个版本模型文件,所有变更版本均可追溯。在同一个版本中,模型文件按照专业、楼层等维度进行组织。通过协筑平台的权限控制机制,项目参与各方登录协筑平台即可受控地访问到所需的模型文件。

5.2　深圳机场卫星厅案例

5.2.1　工程概况

深圳机场卫星厅项目于 2018 年年底开工,拟建卫星厅配套站坪工程内容主要包括:场道工程、飞行区道桥工程(土建部分)、消防工程、给排水工程、污水污物处理工程(仅管网)、再生水工程(仅管网)、远机位站坪监控系统、综合管廊(土建部分)、绿化、围界、围界安防工程等。工程量包括新建混凝土道面约 102 万 m^2,沥青混凝土道面 14 万 m^2,3 号、4 号、5 号、6 号下穿通道总长 2823.204m,排水沟约 15084m,综合管廊工程长约 2100m,道面、道肩拆除约 17 万 m^2 附属工程,计划工期为 748d。总建筑面积 23.89 万多 m^2,由中央、东南、东北、西南和西北 5 个指廊组成,分为地上 4 层、地下 1 层,通过捷运系统与 T3 航站楼相连,其施工示意如图 5.21 所示。深圳宝安国际机场卫星厅及其配套建设工程属于大型施工工程,专业性极强,工序穿插复杂多样。

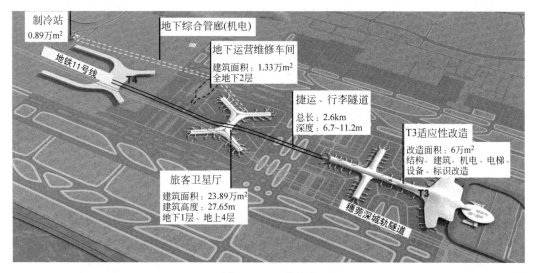

图 5.21　工程示意

为确保工程的施工质量和进度,深圳机场在国内机场中率先"全过程、全专业"引入 BIM 技术,BIM 技术贯穿深圳机场卫星厅设计、施工和运维各个阶段,卫星厅工程相关项目曾先后在国内外不同赛事中斩获"最佳航站楼项目 BIM 应用奖"等 8 项大奖。

在工程中综合运用 BIM 技术有以下几个重难点:

1. 工期紧张,承包范围广

作为深圳市窗口工程,建设周期为 26 个月,仅为同类项目工期的三分之二。同时图纸不稳定,建造要求高,深化设计、施工协调管理难度大,内部专业之间,与民航系统专业之间的协同要求极高。

2．节点、结构与平面复杂

节点复杂,钢结构体量大,管桁架杆件交汇节点复杂,现场安装变形及精度控制难度高。结构复杂体现在建筑结构复杂、异形、弧形、不等截面形状构件多样,同时内部构造复杂,施工难度大。同时,平面布置复杂,场区内单位工程多且分散,平面交叉施工单位多,场地移交不同步且变化快。

3．机电综合布线复杂,模型精度高

除民航弱电外全机电安装专业全系统深化,能源机房设备多,机电综合布线复杂。BIM模型精度高,竣工交付模型要求满足LOD500级标准,以便于BIM模型服务于后期运维。

5.2.2 建造智能化管理技术体系

1．项目总体实施路线

BIM总体实施路线以模型为基础、应用为主线,从施工准备阶段的施工图,对BIM模型进行细化,施工过程中运用BIM模型并结合BIM协同平台、BIM辅助技术措施,细化传统施工过程管理,达到施工精细化管理,如图5.22所示。

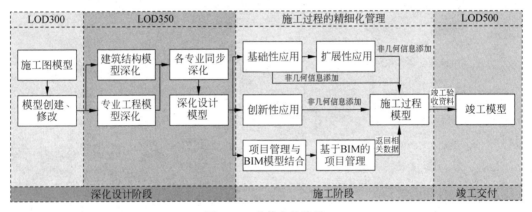

图 5.22　总体实施路线

2．软硬件环境部署

硬件类别包括操作工作站、移动工作站、协同工作站、放样机器人、三维扫描仪、VR设备、移动端设备若干。软件配置部署如图5.23所示。

3．总承包管理平台

为提高沟通效率以及加强信息化管理,项目同时采用C8BIM平台、智慧工地平台对施工现场进行协同化及总承包信息化管理,如图5.24所示。通过图纸、模型轻量化处理,施工现场实时浏览图纸模型。项目管理人员注册率100%,活跃率83%。

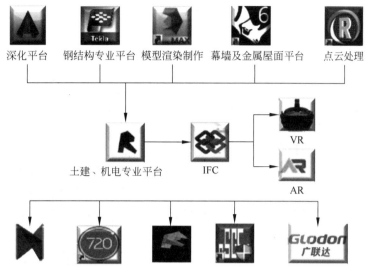

深化平台　钢结构专业平台　模型渲染制作　幕墙及金属屋面平台　点云处理

土建、机电专业平台　IFC　VR　AR

碰撞检测平台　全景漫游制作　虚拟展示平台　协同管理平台　建模算量平台

图 5.23　软件配置架构

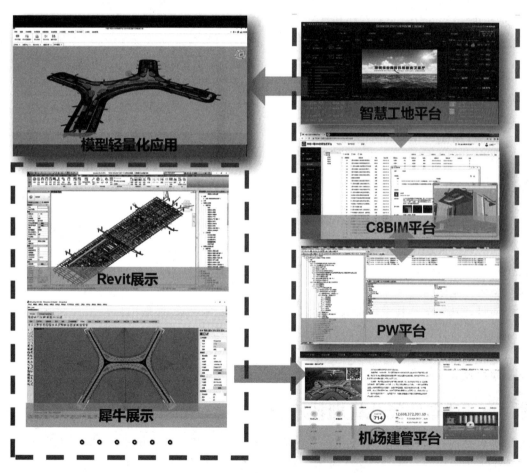

图 5.24　总承包信息化管理

同时与深圳机场全面启用建设管理平台以及 PW(project wise)平台,实现各参建方工程建设全过程精细化管控,达到"线上办公,管理留痕"的目的。

4. 全专业 BIM 协同深化设计

基于平台的全专业协同深化设计,各参建单位专业深化人员均可通过 C8BIM 平台与其他专业轻量化模型合模进行碰撞检查,发现问题可发起协同,碰撞专业协同探讨调整方案,总承包主导调整方案方向并监督执行。同时运用 C8BIM 设计管理-计划管理功能制订各专业 BIM 建模计划并深化设计工作进度计划。明确计划责任人、实施人和计划开始前置条件,便于总承包对各专业分包 BIM 工作进度情况管控,管理层领导及其他参与方能在 BIM 平台上查看实际进度,获取每道工序实际发生时间及完成时间,实时掌握已完成的工程量。在沙盘驾驶舱进行进度模拟,从宏观上对项目进行把控,及时调整进度计划及资源调配,优化项目管理。各参建方也可从平台上获取实际施工的影像资料,减少了多层级沟通而产生的信息衰减和变化。

5. 可视化技术交底

进行拌和站行车路径模拟时,使用可视化技术进行模拟。项目拌和区场地搭建 HZS240 拌和站、HZS180X.0 拌和站和水稳拌和楼各一座。根据简易拌和场区 CAD 图纸、相关负责人口述行车路径大致路线情况,通过建模软件将拌和场区模型化,将拌和路径模拟化,辅助方案的论证。三维模型可为二维图纸带来直观的体现,同时,可及时将项目各方想法通过 BIM 模型的方式展现出来,论证方案的可行性,减少低效、无效沟通,让方案论证更加有理可依,更加直观化。

6. 3D 打印与全景 VR 技术

在施工过程中,通过 BIM+AR 技术辅助质量验收,首先通过二维码进行 AR 模型的精准定位,再通过 AR 模型与实体模型之间的契合度进行质量检查与验收,位置偏差一目了然。目前已在项目的结构施工过程中广泛应用,取得了良好的应用效果,并将逐步在管线安装核对与验收中应用。基于 BIM 技术,采用 3D 打印技术制作项目整体规划沙盘模型,有利于项目的对外展示与交流。同时通过 BIM+VR 技术进行 BIM 三维可视化漫游,直观地感受卫星厅建成后的效果。政府领导、建设单位通过 VR 体验后对卫星厅装修方案提出意见,推动精装方案落实。

同时,BIM+VR 技术可最大限度地增强模拟的仿真效果,根据项目需求特点还制定了安全教育模块,以 VR 展现形式,让施工人员从视觉、听觉上感受不规范操作带来的严重后果。VR 安全体验馆布置完成后,已经完成 3 次施工人员的安全技术交底,贴合工程的 VR 安全模块及逼真的模拟,一定程度上提高了人员的安全意识。

5.2.3 建造智能化管理技术应用

为更好地打造信息化、数字化的工程项目,项目引入智慧物联的理念,将智慧的理念在建筑工地进行应用。通过智能化技术手段,围绕施工过程管理,建立互联协同、智能生产、科学管理的施工项目信息化生态圈。利用 BIM+智慧工地的集成平台,将基于 BIM 技术的项目管理数据和智慧工地的实时数据集成。利用指挥中心大屏查看项目相关的所有数据,如图 5.25 所示。

项目推行使用智慧工地系统,为项目管理提供了极大的便利,通过质量管理、安全管理、物资验收、物联监测、资料管理等功能实现项目管理“标准化、数字化”,对施工现场做到无死角监控,有利于全过程跟踪安全隐患。在项目管理中的策划部署、可视化应用、施工优化、商务算量、数字化施工、计划管理、进度管理、平台应用、运维交付等方面进行 BIM 应用。

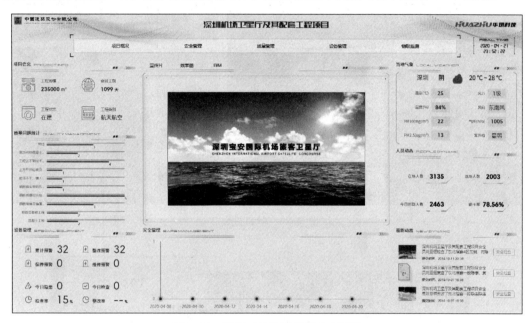

图 5.25　智慧工地系统相关数据显示

项目大力推行使用 C8BIM 系统,使得项目图纸、BIM 模型等各类资料得以相互共享,在对 BIM 模型轻量化处理后,同时利用协同系统可针对各个专业模型间的碰撞进行分析,开发物料系统,进一步推动 BIM 模型在计划与施工中的应用。

1. 策划部署

为了更好地发挥 BIM 优势,进行了全国首例不停航下的地理倾斜摄影。本次测绘采用倾斜摄影技术,对机场 28km^2 范围进行了实景数据航拍采集点云,建立可测量、具有真实空间三维坐标信息的地理与建筑信息模型,如图 5.26 所示,并结合现场对比工期进行分析。

项目利用 BIM 技术对项目部生活区场地、展示区及施工现场进行场地布置,如图 5.27 所示,优化观摩路线,对观摩人员进行分流,合理规划项目布局。

2. 可视化应用

1) 技术方案与交底

针对项目重点施工方案,优化施工流程,指导现场施工。项目利用 BIM 技术的施工方案累计 167 个,占比 92%,召开 BIM 技术交底会议 66 次,占技术交底总数 85% 以上,且均采用二维码交底传递至施工现场。现场设置三维展板直观表达深化设计模型与深化图纸,

图 5.26　倾斜摄影

图 5.27　平面布置

如图 5.28 所示,以便于指导现场施工。

2) 动画模拟

针对难度较大工程,先后制作 11 号线地铁保护区工程(地保)施工、穗莞深转换结构工程等复杂工程施工模拟视频 13 个,幕墙、标识、精装专业等复杂节点施工模拟视频 16个。通过更形象易懂的视频方式表达,使得管理人员与作业人员更清晰地了解施工流程与做法。

图 5.28　三维展板

3）虚拟样板

BIM 虚拟样板间的可视化交底是通过图片或者视频来传达所需要交代的信息,其视觉上的直观感受,能够让重点内容得到有效传递。例如,利用 BIM 虚拟样板间呈现某些施工工艺流程,可以通过三维动画进行模拟,据此来分析工程的重难点,直观地传达给施工人员需要注意的质量问题及安全事项。另外,可以通过 BIM 技术制作二维码后张贴在相应的现场作业区,便于劳务作业人员随时通过手机终端扫描二维码查看相关信息,降低作业返工率。

3. 设计管理中的 BIM 应用

1）BIM 模型创建

通过 BIM 技术开展全专业 BIM 深化设计,进行管线综合、空间优化,通过可视化交底以及施工模拟等应用,实现了工程建设全过程的精细化管理。施工前,利用 BIM 模型,推出钢结构虚拟预拼装技术,通过制作施工动画进行施工模拟和分析,并进行全面综合评估和预判,消除点多面广、各专业交叉作业多等问题的影响,确保施工有序、可控。施工中通过 BIM+VR 技术进行三维立体的可视化漫游,相关部门也能通过 VR 体验后对卫星厅装修方案提出意见和建议,确保设计方案落地实施,实现了建筑信息的全生命周期共享,有效增强了工程进度和质量控制,提升管理效能。

（1）设计图纸校核

通过建模,对项目全部图纸进行详细审核。通过模型的可视化,使图纸问题更加直观,减少由于岗位不同带来的沟通思维的差异化,提高沟通效率。同时,及时发现并解决问题也保障了项目施工的顺利进行,防止造成工期延误。

（2）碰撞检查

利用多专业集成软件,对原有地下构筑物模型、其他标段构筑物模型及本标段构筑物模型进行整合审查,发现多处碰撞冲突,如 3 号通道与 11 号地铁主体结构的碰撞,5 号下穿通道与卫星厅指廊的碰撞,排水箱涵与 3 号通道箱涵 X3 段,排水工程与 4 号通道箱涵 X15

段,排水工程与 6 号通道 U20 段的碰撞。利用模型的直观性,快速发现碰撞点,及时规避安全隐患,防止发现不及时造成的工期延误。工程负责人在与其他标段沟通碰撞及施工作业面的问题时,利用该模型作为可视化手段,大大提高会议沟通效率。

　　2)二次结构

　　基于 Revit 建立砌体排砖模型,结合各专业的预留洞、施工洞以及后期运输路线调整二次结构构造柱和圈梁,如图 5.29 所示,模型可一键导出砌体排砖施工图、二次结构定位图和材料统计清单,指导现场施工和材料的管控。

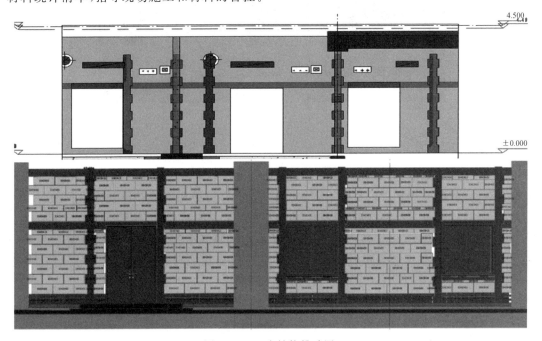

图 5.29　二次结构排砖图

　　3)钢结构工程

　　屋盖采用大跨度空间桁架与网架钢结构体系,节点复杂且多管交汇节点极多,利用BIM 技术优化节点处各管交汇及安装的相互关系,保证焊接的可操作性和后期现场施工的顺利。劲性结构在梁柱节点多排钢筋叠加,排布空间有限。通过 BIM 建模深化设计辅助普通二维深化设计方式,极大地降低了深化设计难度和出错率,同时易于设计校核和实施施工交底。

　　4)机电安装

　　机电安装专业系统多、接口多,排布复杂,尤其机场面客区净空要求高,依据设计施工图建立 BIM 模型,如图 5.30 所示,进行管线碰撞调整和施工空间调整,同时将桥架分层、分颜色排布,最后生成施工图纸。通过调整管线排布,将五层管调整至两层管,降低支吊架安装施工成本。

　　5)幕墙工程

　　BIM 技术辅助幕墙关键坐标点以建立准确的幕墙 BIM 模型,确保幕墙面板能满足施工安装要求,明确了主体结构以及屋面钢结构连接,进行参数化曲面定位平板优化、参数化钢立柱轮廓加工图程序调试、参数化提取玻璃面板尺寸。

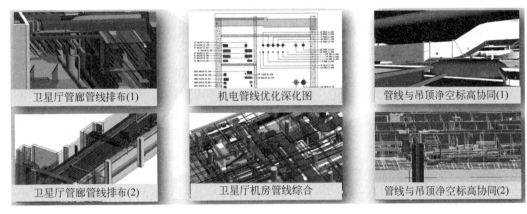

图 5.30　机电安装 BIM 模型

6）金属屋面工程

BIM 技术辅助金属屋面进行屋面排板、指导屋面各项材料的加工制作及安装施工,如图 5.31 所示,确保幕墙面板能满足施工安装要求,并保证施工进度和工程质量。

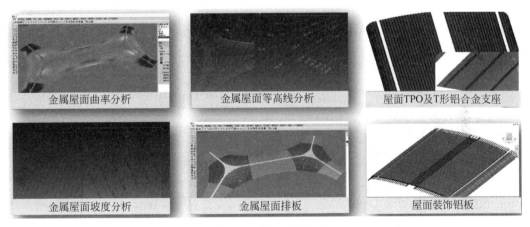

图 5.31　金属屋面工程

7）精装修工程

在原设计方案基础上,利用 BIM 可视化技术,重新对地面面板、立面面板及天花嵌板进行对缝处理,使空间整齐划一,并协同各专业的模型点位进行编排,最终达到鲁班奖精细美观要求。针对项目的特殊区域,进行相应精装复杂节点大样构建。

4. 施工优化

1）异形斜柱造型归并

卫星厅原设计异形预应力斜柱 132 根,共 37 种造型规格,斜柱钢模配模量巨大,对斜柱造型规格归并,采用 BIM 技术对斜柱方案进行优化,将原有的 37 种斜柱造型优化为统一的 3～4 种,统一斜柱钢模配模方式,减少钢模用量、缩短施工工期。

异形斜柱含有规格大且密集的钢筋、较大且复杂的支座埋件、预应力筋及其锚具垫板等,模型如图 5.32 所示,支座埋件安装精度要求高,通过前期三维翻样并与设计沟通,对内

图 5.32　异形斜柱构造模型

部钢筋进行优化,埋件与预应力垫板优化处理,确保安装空间。同时对斜柱各构件的工序流程进行梳理,保证施工现场顺利安装。

2)天沟装饰铝板增加伸缩缝

卫星厅为直立锁边铝镁锰屋面系统,屋面板在纵向应可自由伸缩,但由于装饰板龙骨的限制,屋面板无法自由伸缩,原设计节点如图 5.33 所示,后续深化将屋面板装饰板及龙骨在檐口作可伸缩设计,如图 5.34 所示。

3)幕墙连接处防水优化

此项目属于公共建筑,对防水要求极高,需要在屋面部分的交叉收口同钢结构的交叉配合处进行防水优化处理,保证幕墙防水质量性能。除此之外,支撑件部位需加设防水胶圈,打密封胶,增加其防水性能。屋面与幕墙采用相对柔性的密封体系,避免热胀冷缩对主体结构的破坏。

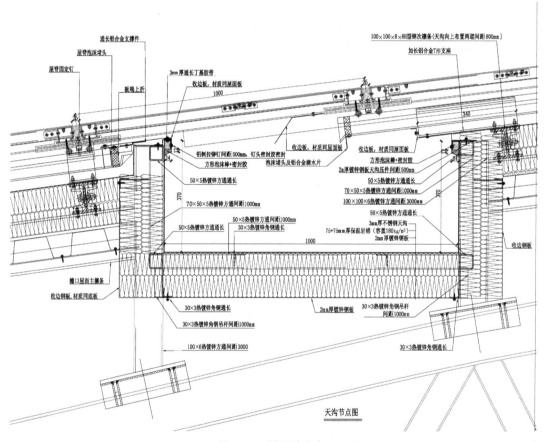

图 5.33　原设计节点

4)放样机器人现场应用

卫星厅工程整体呈弧形且异形构件多,施工测量难度大,采用 BIM 放样机器人指导现

图 5.34　屋面板优化

场施工,加快完成管线及弧形墙体的定位放样,并辅助现场测量验收复核,极大减少了测量人员的工作量。后期加强了金属屋面等不规则曲面的放样以及后期机房等定位控制和质量验收应用。

5）机场改造逆向建模

深圳 T3 航站楼（已运营）内部不停航工程改造量大、专业复杂,原竣工图信息不准确给改造范围的机电深化工作带来极大不便。引入三维扫描仪对现场情况进行勘察,对已有管线进行扫描,建立点云 BIM 模型,通过与新建管线 BIM 模型结合调整,直观对比废旧管线拆除及补偿管线对施工的影响,考虑新旧机电管线的综合排布,制定详细的拆改方案。

6）逆向建模实测实量

利用三维激光扫描技术对卫星厅结构进行扫描,合成点云,通过模型和点云的对比分析取得结构水平和垂直位移量,辅助质量部门进行结构实测实量及验收。通过三维扫描仪对现场钢结构进行扫描得到点云模型,通过卸载后点云模型与未卸载前进行对比得到变形误差。

5. 商务算量

1）逆向建模算量

本项目共有 114 万 m^2 开挖土方量,量大且点多面广,如何对于不规则土方进行精确测量是一个难题。为此项目引进三维激光扫描进行土方计算,精确测量土方,合理安排运力,破解了以往测量取点的误差。通过对施工前后的现场场地扫描,得到点云相对于基准面的详细数据以及土方量数据,避免了用传统测量方法造成的网格统计误差。

2）正向建模算量

基于 BIM 算量软件,通过识别图纸提高建模速度。三维状态高效、直观、简单,运用三维计算技术极大地提高项目商务算量效率与准确度。同时项目基于 Revit 进行工程量统计,汇总导出项目材料需用计划,指导项目大宗物资采购,为实现"0"库存的物资管理模式打下基础。

6. 数字化施工

1）BIM 模块加工

通过 BIM 的精细化模型拆分,复杂异形构件得以简单化、标准化、单元化。BIM 模型提取的数据信息在工厂进行材料的预制加工,加工好的材料在施工现场直接安装,显著提升建造速度,节约大量劳动力并提升了工艺及建筑质量。

首先根据图纸建立施工 BIM 模型,并将构造模型单元化、标准化,然后根据标准单元化模型将材料拆分成不同规格的单元,对不同规格的材料进行编码,并通过模型导出材料规格参数及加工数据,最后直接将材料具体加工数据提供给工厂进行加工,减少加工误差。

2)物联跟踪

对机电安装设备、钢结构构件、幕墙构件等关联 BIM 模型全过程状态进行跟踪记录,同时自动绑定跟踪人员,在平台查看模型即可了解物料状态,物联跟踪示意如图 5.35 所示,采用此办法能提高管理效率。

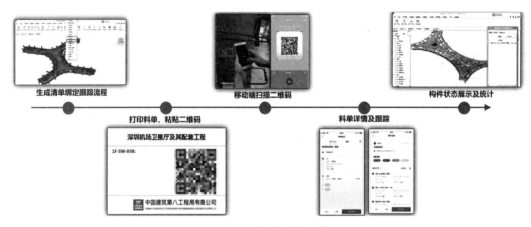

图 5.35　物联跟踪示意

3)带式输送机外运土方管理

为加强土方外运管理工作,项目创新采用皮带输送机进行土方外运,同时开发 C8BIM 平台表单与二维码功能。在带式输送机中安装传感器,发生异常情况即及时反馈至总控台,通过三维示意图明确机器异常位置,配合实时监控输送机各类信息,加强机械的工效管理,管理流程如图 5.36 所示。

图 5.36　带式输送机外运土方管理流程

4)人员管理

采用实名制考勤管理(人脸识别闸机)+RFID 芯片+区域基站的模式实现施工现场的

区域定位。根据现场施工作业面,现场安装 5 个信号基站,注册的施工人员达到 386 人。在平台中可查看各个基站区域内人员数量及不同工种的分布情况,进一步把控施工工种的合理分配。

5)车辆出入口管理

现场拌和站引入车辆车牌识别管理系统,通过在出入口对车辆的管理把控进出拌和站的外来车辆。辅助拌和站对进出料车、罐车的数量核算。

6)车辆 GPS 定位及油耗管理

项目施工区域紧挨运营机场,安全风险系数大。为规范项目罐车等施工车辆的行驶路径,项目引入 GPS 定位模块,安装在每辆罐车上,并规定好行车轨迹及行驶区域,一旦罐车在运送混凝土时超出行驶范围,平台即可推送警报,提醒相关责任人,方便现场人员对车辆的把控。

通过安装油量传感器来监控车辆油量变化,当油量出现异常变动时,系统会推送警报给相关责任人,并及时记录数据。

7)环境监测

通过安装环境监测及雾炮喷淋控制器,在平台可随时获取现场的环境监测数据,包括噪声、温湿度、空气污染指数(PM)值。现场的扬尘超过设定值时,控制器启动雾炮喷淋系统进行现场喷淋降尘。

8)视频监控

由于现场施工环境和机场网络环境的限制,视频监控方案由原来的网线布置改为 4G 网络传输再改为无线网桥传输,并加设中继站以保障信号不被高物遮挡。现场安装 39 个摄像头,基本上全部覆盖现有施工区域的重要作业面及材料堆放区。管理人员可通过 PC 端及移动端随时查看现场施工情况。一旦现场出现任何非常规情况,视频监控可作为第一手影像资料,方便溯源追查。

9)拌和站生产管理

拌和站生产企业资源计划(ERP)管理系统,即将拌和站各个子模块系统串联起来,统一管理。包括任务单的下发、实验室的配合比、生产线生产及料车、罐车的过磅。通过系统的部署及各个子模块软件的对接,大大提高了拌和站管理人员的管理效率。工程部在项目部即可派发任务单,不用带任务单去现场。通过拌和站生产 ERP 管理系统即可导出进料记录,实现无纸化验收,从而减少人工统计纸质签收单造成的误差。

7. 计划与进度管理

为对施工进度进行可视化管理,项目应用 C8BIM 平台的物料追踪功能,实时更新施工进度,使得其进度与模型显示状态完全一致,方便管理人员实时了解现场施工形象进度。

4D 施工进度管理。在 C8BIM 协同管理平台中将施工计划与 BIM 模型结合管理,通过导入最新的计划,关联计划节点模型,同时推送计划节点,最终形成 4D 进度模拟。实时跟踪、反馈、延期预警,实现立体化、可视化的施工进度展示,直观地为项目进度管控提供数据支撑。计划导入平台后,关联模型,再将计划节点推送,进行 4D 进度模拟,最后进行计划统计分析。

8. 运维交付

应用 Dynamo 的编码功能,通过关联 Revit 模型和 BIM 构件编码表,实现 BIM 模型中的构件自动编码,如图 5.37 所示,极大地提高了编码的效率,为后期移交模型奠定了基础。

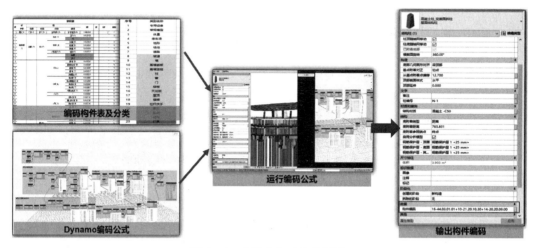

图 5.37 参数化生成构件编码

第6章

地铁工程建造智能化管理应用

我国城市轨道交通建设项目存在线点多、投资大、线路长、专业接口多、施工环境复杂、利益相关者众多、信息量大、影响范围广和建设周期长等特点。引入先进信息化技术进行管控建设、完善轨道交通项目管控体系，提升了项目管理水平，实现了城市轨道交通项目建造的信息化、可视化、智能化管理。

6.1 深圳地铁 6 号线支线工程概况

深圳地铁 6 号线支线项目位于深圳市光明新区，线路起点设于 6 号线光明站（原名翠湖站）东侧，两线形成换乘，线路终点设于公常路深莞边界东莞黄江镇，预留延伸至东莞的条件。该线连接光明中心片区、光明北区、中山大学、科学城，支持光侨路和公常路走廊，未来可与东莞 1 号线衔接，助力深莞一体化进程。本工程共 3 站 4 区间，分别为：新明医院站、中山大学站、科学城东站，光明站新区间、新中区间、中科区间、科终（点）区间，线路右线长度为 6119m（包含翠湖站主体结构 249m），其中高架段长 436m，地下段长 5294m，过渡段总长140m，如图 6.1 所示。

图 6.1 深圳地铁 6 号线支线

6.2 建造智能化管理技术体系

1. 轨道交通工程管理信息化

现有研究在城市轨道交通项目管理过程信息流通与可视化方面获得一定引用，从集团层面对城市轨道交通项目进行多主体、多专业、多维度的集成管控。平台对城市轨道交通项目管理流程进行系统梳理与优化,搭建集团级项目管理体系架构,应用云技术与微服务架构,建设项目集团级集成管控平台,集成计划管理、进度管理、质量管理、安全管理、工程管理、资料管理等主要功能,实现项目管控数据的互通、共享与协同。

2. 城市轨道交通项目数字孪生建造技术

基于多维空间数据集成可视化需求分析,设计数字孪生建设体系架构,应用模型轻量化、坐标转换、多源异构数据融合与集成等技术构建 BIM、GIS、地理地质、倾斜摄影等数据融合的数字孪生环境,实现空间分析、可视化建造模拟、工程施工监测的集成应用。具体内容如下:

1) 数字孪生环境建设技术体系架构

建立包括设备层、传输层、数据层、应用层在内的多层级数字孪生环境体系架构,整合 BIM、IoT、GIS 等信息技术,用于城市轨道交通项目数字化建造管理,实现项目全要素数据的采集、流转、分析和集成应用。

2) 数字孪生环境建设及应用

采用模型轻量化、坐标转换、数据配准及三角网简化等技术,进行数字孪生环境建设,通过集成模型的空间关系分析、可视化建造模拟、施工安全监测等应用,指导多项目、多工区、多工点施工作业,实现工程多方位、多维度监测与预警。

3. 虚拟施工技术

在传统城市轨道交通项目施工中,项目从前期准备、中期建设到项目交付以及后期运营维护的各个阶段中,施工阶段是最烦琐的核心阶段,虚拟施工技术的实施过程也是如此。虚拟施工过程模拟是否真实、细致、高效和全面,在很大程度上取决于建筑构件之间的施工顺序、运动轨迹等施工组织设计是否优化合理,以及建筑物与构筑物之间碰撞干涉问题能否及时发现并解决。

基于城市轨道交通数字孪生环境,在城市轨道交通项目中使用虚拟施工模拟技术,将建筑物及其施工现场 BIM 三维模型与施工进度计划结合,建立 4D 施工信息模型,进行虚拟建造。其中包括了建立建筑、结构、水暖电、安装、装饰等多要素施工现场 BIM 三维模型,搭建虚拟施工环境,定义建筑构件的先后运作顺序,对施工过程进行虚拟仿真、管线综合碰撞检测以及最优方案判定等,同时应用于不同人员之间的信息共享和协同工作。

4. 施工监测技术

集成管控平台具备强大的可视化能力,通过对 IoT 收集的成本、进度、质量、安全等监测数据与 BIM 模型、GIS 模型进行关联及融合,有效实现监测数据实时可视化,提高了施工管控的信息化水平。

6.3　建造智能化管理技术应用

1. 城市轨道交通项目集团级集成管控平台

在云技术和微服务架构支持下,可以灵活应对信息管理需求,确保核心业务的连续性,有效提高资源复用率,降低运维成本。采用云技术和微服务架构建立具有高兼容性、可扩展性和易用性的管控平台系统架构,详细的管控平台系统架构设计如图 6.2 所示。

图 6.2 管控平台系统架构设计

1) 逻辑框架

该系统架构按照分层逻辑视图进行设计,主要包括基础设施层、数据资源层、应用支撑层、应用层和用户层 5 个层级,详细介绍如下:

(1) 基础设施层

基础设施层包括主机服务器、存储及备份设备、网络交换设备、安全设备与系统支撑软件等基础设施资源。

(2) 数据资源层

数据资源层包括文档管理业务数据、进度管理业务数据、质量管理业务数据、安全管理业务数据、成本管理业务数据等。

(3) 应用支撑层

应用支撑层包括组织机构与权限管理、业务组件、工作流引擎、报表工具等底层应用。

(4) 应用层

应用层包括面向系统用户的信息管理、资料管理、BIM5D 管理、进度管理、质量管理、安全管理、计划管理、工程经济管理等主要功能。

(5) 用户层

用户层包括内部用户和外部用户,内部用户包括监管部门、设计院、工程部、信息部,外部用户包括施工单位、外委设计院、BIM 咨询单位、监理单位。

2) 管理体系架构

依据项目核心业务需求,建立多层级数据分析应用与智能决策的管理体系,从处理层、整合层、分析层与展现层四个层级对集团级集成管控平台进行总体规划和设计,以项目管控数据流为基础,建立模型平台数据交换、项目应用层管控到集团管理层决策的数据流动规则和与流程相匹配的平台数据架构,实现工点级、工区级、项目级和集团级的多层级项目管理体系。该管理体系架构如图6.3所示,共分为数据层、模型平台层、项目应用层与集团业务层。

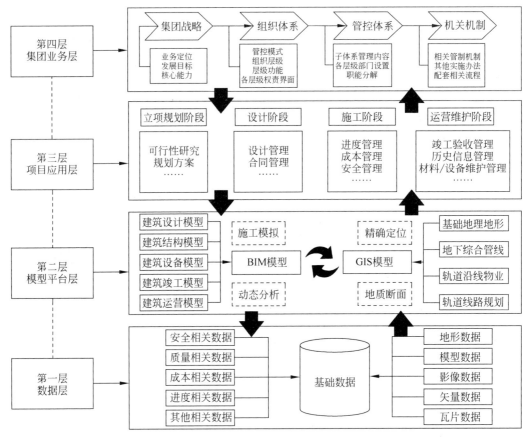

图6.3　管理体系架构

　　建立的集成管控平台实现对城市轨道交通项目数据的高效采集,结合施工现场的业务数据、行为数据、环境数据的归集和分析,借助数据处理与分析技术,进行数据计算与分析,最终通过柱形图、折线图、圆环图等图表进行可视化展示,确保项目管理人员对施工建造过程的实时监控与决策。

2. 数字孪生技术应用

1) BIM设计复核

项目BIM工程师依据设计蓝图,将二维图纸转换为三维可视化模型,在过程中进行图纸会审,发现问题及时与设计单位沟通解决。模型搭建完成后,相应构件的工程量自动生成;设计发生变更时,只需修改模型,相应的图纸及工程量自动生成。

利用BIM模型,全面展示地下管线情况。对各个专业管线进行碰撞检测,生成管线碰撞报告,为现场施工预发现管线碰撞问题,及时上报解决(图6.4)。

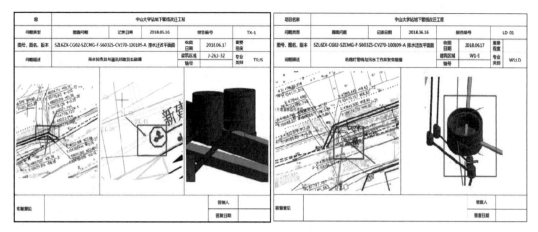

图 6.4　市政管线碰撞检测

2）BIM 深化设计

对于施工现场使用的临时构件，利用 BIM 可视化特点，对构件的外观尺寸、适用性及安放位置和过程进行预先模拟，决定最优方案，构件最终结果生成形象生动的三维设计图纸及模型，提供给生产单位，指导生产单位进行精确加工；下发现场技术人员作为施工参照，避免施工过程中出现二次修改或返厂重新加工的现象（图 6.5）。

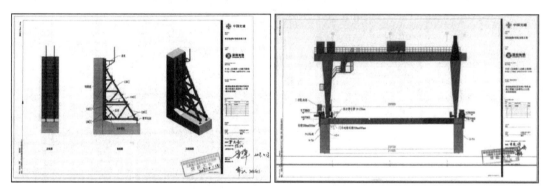

图 6.5　施工构件深化设计

3）三维交底

将交底文件转换为生动形象的三维交底文件和视频动画（图 6.6），上传云端，当施工过程中对交底内容出现疑问时，技术人员及工人可通过手机端实时查看交底内容，保证问题得到及时解决。

4）部门联动

项目编制了对应的 BIM 管理办法，配置相关管理人员，明确岗位职责；利用 BIM 的可协同性，将施工过程中产生的信息尽可能多地集成到 BIM 模型中，对模型进行衍生服务，利用 BIM 技术实现部门间的联动。

BIM 工程师基于 Dynamo 自主开发脚本，将设计信息和施工过程中产生的施工信息批量地挂接到模型当中，各部门根据自身需求可在模型中提取所需信息，从而实现各部门之间的信息互通（图 6.7）。

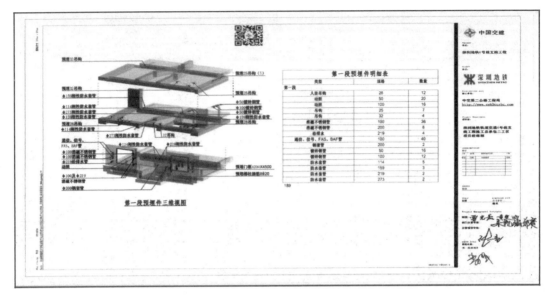

图 6.6　预埋件三维交底

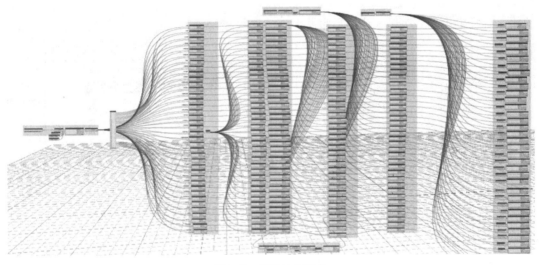

图 6.7　信息录入脚本

图 6.8　安全方案模拟

3. 虚拟施工

利用 BIM 技术的三维可视化和动态模拟特点,采用虚拟现实和结构仿真等技术,对项目的临时建筑(临建)方案、专项施工方案进行规划和模拟(图 6.8)。通过预先的动态模拟,对施工方案进行优化,提前避免和减少返工以及资源浪费的现象,合理配置施工资源,节省施工成本,加快施工进度,控制施工质量,达到提高建筑施工效率的目的。如临建方案的施工场地布置,利用 BIM 直接在虚拟环境中对场地进行部署,利用标准化构件族库对施工不同阶段场地部署进行模拟,可以快速、直观地检查场地虚拟布置的合理性。专项方案预先模拟整个施工过程,发现方案中存在的漏洞、缺陷及风险,及时优化方案,消除施工风险。

1) 场地布置方案策划模拟

应用 BIM 技术创建城市轨道交通地下结构和周围场地等三维模型,参照工程进度计划,形象直观地模拟施工各个阶段的现场情况,灵活地策划现场平面包括临时设施、生产操作区域、土方堆积、钢支撑及模板等的布置,优化施工场地布置方案,实现现场平面布置合理、高效。

2) 土方开挖模拟

土方开挖模拟技术建立建筑物的几何模型和施工过程模型,实现了对施工方案实时、交互和逼真的模拟,进而对已有的施工方案进行验证、优化和完善,逐步替代传统的施工方案编制方式和方案操作流程,如图 6.9 所示。

图 6.9　土方开挖模拟

3) 盾构施工模拟

由于盾构隧道施工与围岩地质条件息息相关,通过应用数字孪生建造技术,模拟盾构施工情况,能够及时分析盾构掘进对道路的影响,对于较难处提前制定措施,分析区间隧道按照平纵面线性进行立体排列的最佳拼装点位,为施工方案的确定提供决策依据,如图 6.10所示。

图 6.10　盾构施工模拟

4) 管线综合碰撞

利用数字孪生技术建造环境,基于 BIM 软件可以精确管线的布置及走向。同时,将隧道车站结构、建筑、机电等模型整合,再根据各专业要求及净高要求对综合模型进行碰撞检查,根据碰撞报告结果对管线进行综合调整、避让,优化设备管线的综合位置和空间布局,如图 6.11 所示。

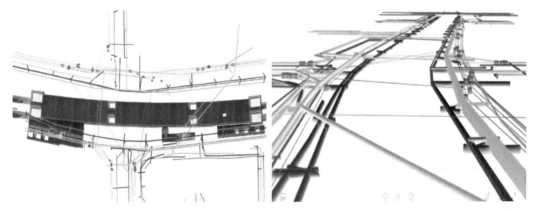

图 6.11　管线综合碰撞

本项目通过虚拟施工模拟不仅能够提前发现具体项目中的各种设计、施工管理上的问题,还可以实现各种信息资源的一体化项目管理,有效地提高了项目管理水平。

4. 智慧工地

项目采用"智慧工地"的先进管理理念,结合集成管控平台对施工过程作精细化、信息化、科学化管理;针对安全、质量、劳务与物资验收等模块,定制开发系统,实现手机端、PC端、网页端 24h 实时信息提交、审批、推送。在各部门指定专门的"信息专员",明确权责,打通各环节信息壁垒,打造信息化建设示范项目。

现场安全员、质检员、技术员通过"云建造"APP 移动办公(图 6.12),对于发现的安全、质量隐患实时"推送整改",整改完成后由隐患发起人复核,验收通过并闭合流程,将隐患数据上传云端进行汇总分析,通过数据分析结果,找出项目安全质量管控的薄弱点,进行重点把控,达到安全质量的精细化管理。

图 6.12　物资管控系统

项目通过现场"地磅"设备与云平台的联动,对所有进出场的大宗物资的信息和数量进行汇总分析。项目依据云平台自主研发零星材料管控系统,对现场所需零星材料的信息和数量汇总分析,实现项目大宗物资和零星材料的精细化把控;将汇总分析的数据提供给管理层决策。

　　成本模块,在 BIM5D 商务端,通过清单、预算文件与模型施工构件的关联(图 6.13),计算工程量、产值等各项数据,并交给云平台统计分析,最后将每月经营管理的数据汇总,可视化发布至平台"看板",供人员查阅、辅助管理决策。劳务模块,为项目管理人员及产业工人建立一人一档,并与人脸识别一体化闸机联动,对项目人员的种类及在场情况进行汇总分析,实现人员的精细化管理(图 6.14)。

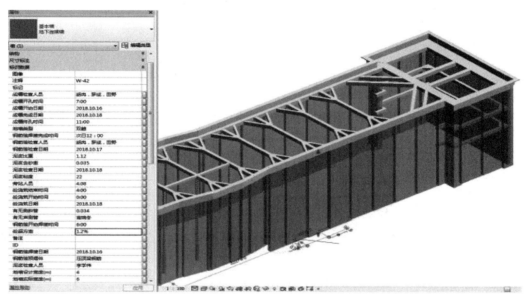

图 6.13　信息挂接模型

图 6.14　智慧工地管理平台

5. 施工监测

通过搭建的数字孪生建造环境对城市轨道交通项目多工区、多工点的安全管理要素进行实时监测。集成管控平台通过利用 WebAPI 链接施工监测与重大施工风险信息管理系统,采用多源异构数据融合与集成技术实现城市轨道交通项目的数据同步对接。该可视化施工监测系统集成了项目管理、施工监测、风险管理、文档管理、统计分析、考核排名等主要功能。

第7章

桥隧工程建造智能化管理应用

　　跨海桥隧项目是经济发达地区交通网络的重要通道,交通区位优势明显,项目意义重大。跨海桥隧工程规模大且复杂,包括海中桥梁、海中人工岛、海底隧道等,施工技术难度较大,施工周期较长,海上施工船舶、设备及特种设备多,且多为大型化船机设备,施工人员众多,跨海工程往往衔接不同的行政区域,管理协调难度大。桥隧工程建造可充分利用工程物联网技术和互联网技术,结合 BIM、人工智能、机器人与自动化等技术,将施工现场各工程要素互相连接、采集数据,通过云计算、大数据、人工智能等技术进行数据挖掘分析,为施工预测及施工方案提供支持,对桥隧工程建造的现场进行实时监控感知分析、风险预警、综合定位和数据可追溯管理,实现工程施工可视化智能管理,最终实现工程建造的智能化管理。

7.1　黄茅海跨海通道 T3 标案例

7.1.1　工程概况

　　黄茅海跨海通道东接鹤港高速(港珠澳大桥西延线),西接西部沿海高速及新台高速。项目起点在珠海市平沙社区与鹤港高速顺接,向西经过拟建湿地公园南侧,跨越崖门口黄茅海水域,依次跨越崖门出海航道东东航道、东航道、西航道,至台山赤溪镇福良村,终点于台山斗山镇与西部沿海高速相交,对接新台高速,路线全长约 31km。项目采用 6 车道高速公路标准建设,设计速度为 100km/h。

　　T3 标段位于工程珠海侧标头位置,起讫桩号为 K0＋000—K4＋052,路线全长4.052km。主要施工内容为高栏港大桥东塔及下构、东侧钢箱梁吊装、东引桥下构及 1 跨40m 现浇梁,高栏港互通 A、B、E、F 匝道及路基,桩号范围内小箱梁运输与架设及附属工程施工。T3 标线路如图 7.1 所示。

7.1.2　建造智能化管理技术体系

1. 智能化管理硬件及软件基础

　　本项目工程建造过程智能化管理的硬件系统主要包括台式工作站、计算机、服务器、交换机、手机、LED 智慧屏、视频监控摄像头、传感器等;软件系统主要包括 Microstation、OpenRoads Designer、OpenBridge Modeler、OpenRail Designer、OpenBuilding Designer、智慧工地平台等。

图 7.1   T3 标线路

2. 智能化管理技术体系

本项目工程建造过程的智能化管理主要是基于 BIM 技术和智慧工地平台。基于 BIM 技术主要可实现以下几个方面的管理功能：设计 BIM 模型与图纸复核应用、施工期 BIM 模型与二维形象进度模型创建、基于 BIM 的施工组织设计和交通组织导改及专项施工方案模拟、"两区三厂"和现场工区三维可视化模拟、大型临时设施和临建工程及预留预埋的三维模型建立、主塔模板模型模拟改制及安装、主塔钢筋模型指导加工精度及安装定位、项目 BIM 电子沙盘及施工模拟系统建立等。基于智慧工地平台主要可实现以下几个方面的管理功能：远程视频监控、智能门禁及人员识别、环境监测、混凝土拌和站系统实时监测、实验室设备实时在线数据监测、特种设备数据智能监测、数字化施工监控、智能地磅及车辆管理和质量管理等。

7.1.3 建造智能化管理技术应用

1. 基于 BIM 技术的智能化管理

工程项目数据量大、各岗位间数据流通效率低、团队协调能力差等问题成了制约项目管理发展的主要因素，而利用 BIM 技术构建一套基于三维模型的信息化系统，以 BIM 模型作为工程施工管理的数据纽带，无疑是解决该难题的最佳方案。本标段施工环境复杂，全线长 4.052km，涉及陆上及海上施工，专业繁多，项目管控的信息传输面临严峻考验。结合项目实际特点，分析项目 BIM 应用价值，为项目的重难点提供一系列 BIM 技术解决方案，可为项目建设各阶段、各参与方和各环节提供辅助管理作用，实现关键数据共享及协同，创新管理手段。

1）设计 BIM 模型与图纸复核应用

设计 BIM 模型及图纸复核的主要目的是通过剖切结构专业整合模型，检查结构构件在平面、立面、剖面位置是否一致，以消除设计中出现的结构不统一的错误。本项目采用 OpenRoads Designer 平台，根据平台特性，创造性地研发自动化编码功能小程序，对所有施工阶段模型,按标段进行拆分,且拆分方式基于施工工序,并对所有单一构件进行唯一编码绑定工作,从而使项目后续通过驱动施工编码,进行施工过程展示、施工信息录入、工程质量控制等相关操作。主要工作流程:①收集资料,尽可能保证资料全面,并从多个角度进行验证,从而确保数据的准确性、完整性和有效性;②整合结构专业模型,按节点工程进行拆分和模型细化工作;③剖切整合后的结构模型,产生平面、立面、剖面视图,并检查各结构专业间设计内容是否统一、是否有缺漏,检查空间合理性,检查是否有构件冲突等内容,修正各自专业模型的错误,直到模型准确;④ 按照统一的命名规则命名文件,保存整合后的模型文件。表 7.1 为 T3 标施工阶段 BIM 模型复核表。

表 7.1　T3 标施工阶段 BIM 模型复核表

构　件　定　位			
整个 Dgn 文件名	A1 标段_高栏港互通_桥梁工程_下部构造	单个 Dgn 文件名	03 B 匝道 下部构造
构件类型	下部整体	构件 WBS 编码	T3-U6-P8-001-S05 等

问　题　分　析			
问题性质	图纸错误	问题分类	下部结构图纸错误
问题描述	B 匝道 18 号至 32 号墩的两端标高与桥墩设计参数表不一致,桥墩设计参数表不合理		
优化建议	建议与设计确认桥墩设计参数表		

参　考　依　据	
三　维　模　型	平面图纸及文档
	B18　K1+211.657　11.962　90　10.02　10.41 B19　K1+231.657　12.533　90　10.55　10.98 B20　K1+251.657　13.104　90　10.67　11.16 B21　K1+271.657　13.674　90　11.60　12.14 B22　K1+291.657　14.245　90　13.13　12.58 B23　K1+311.657　14.816　90　12.33　12.88 B24　K1+331.657　15.387　90　13.30　13.85 B25　K1+351.657　15.958　90　13.88　14.42 B26　K1+371.657　16.528　90　14.05　14.59 B27　K1+391.657　17.099　90　15.02　15.56 B28　K1+411.657　17.651　90　16.53　15.99 B29　K1+431.657　18.176　90　15.69　16.24 B30　K1+451.657　18.673　90　16.59　17.14 B31　K1+471.657　19.143　90　17.14　17.60 B32　K1+492.381　19.6　90　17.28　17.64

备　注　说　明	
图纸版本	614 第 6 篇 第 1 册 第 4 分册 高栏港互通立交 匝道桥下部结构、附属结构(T3) 56 页/197 页　PDF 版
模型版本	HMH_BIM 模型提交(坐标)(0414)
文本版本	

续表

修 改 复 核			
问题解决时间		问题解决单位	
反馈 BIM 时间		BIM 意见	
问题处理结果			

2) 施工期 BIM 模型与二维形象进度模型创建

施工期 BIM 模型与二维形象进度模型创建,是在施工图及临时工程设计图的基础上进行三维建模,使其满足施工阶段模型深度要求。使得项目各专业的沟通、讨论、决策等协同工作在基于三维模型的可视化情境下进行,为施工模拟、场地模拟等后续深化应用提供基础模型。主要技术方案步骤:①收集数据,并确保数据的准确性;②各专业模型达到施工模型深度,并按照统一命名原则保存模型文件;③将各专业阶段性模型等成果提交给建设单位确认,并按照建设单位意见调整完善各专业设计成果;④根据编码文件进行编码录入、图纸挂接及其他属性信息录入等工作。其最终交付的成果为施工期 BIM 模型与二维形象进度模型,模型深度和构件要求需满足交付标准中的施工阶段各专业模型信息要求。二维形象进度模型创建如图 7.2 所示。

本项目施工期 BIM 模型与二维形象进度模型统一使用 Bentley 系列软件进行建立,采用".dgn"格式模型进行交付。主要如下:

(1) 二维模型采用 Microstation 软件建立,类型采用"复杂形状",并填充颜色,颜色设置为 160 号色。并将文件图层划分为两个,分别为模型图层及文字图层,图层命名为"单位工程_模型/文字"。再将模型文件按每个单位工程划分为一个模型文件,具体细度严格按项目需求执行。最后二维模型编码挂接采用 Microstation 中的"连接项"命令对每个构件进行编码挂接,项类型按照层级进行设置。

(2) 三维模型首先在 OpenRoads Designer 中按照工程类型将图层进行划分,如桩基、承台、系梁、墩柱、盖梁、小箱梁、主塔等,名称以工程类型定义。三维模型坐标系统采用黄茅海工程独立坐标系,参考 cgcs2000 椭球,中央子午线 $113°04'$,投影高 34m,高程系统采用 1985 国家高程基准。三维模型材质、模型文件划分、精细度及构件命名严格按照项目后续应用的具体要求执行。

(3) 采用 OpenBridge Modeler 软件,创建桥梁上部结构和下部结构模型,并对相应构件进行拆分设计。

(4) 采用 OpenRail Designer 软件,创建广深铁路模型,并进行深化设计。

(5) 采用 OpenBuilding Designer 软件,创建场地设施及房屋建筑模型。

3) 基于 BIM 的施工组织设计、交通组织导改和专项施工方案模拟

根据本项目的实施内容及特点,本标段拟对主塔施工、主塔区梁段施工、主梁标准段施工及匝道桥施工进行模拟,主要构建施工过程演示模型,结合施工方案进行精细化施工模拟,从而检查施工方案可行性,也可用于与施工部门、相关专业协调施工方案,实现施工方案可视化交底。主要施工模拟内容如表 7.2 所示。

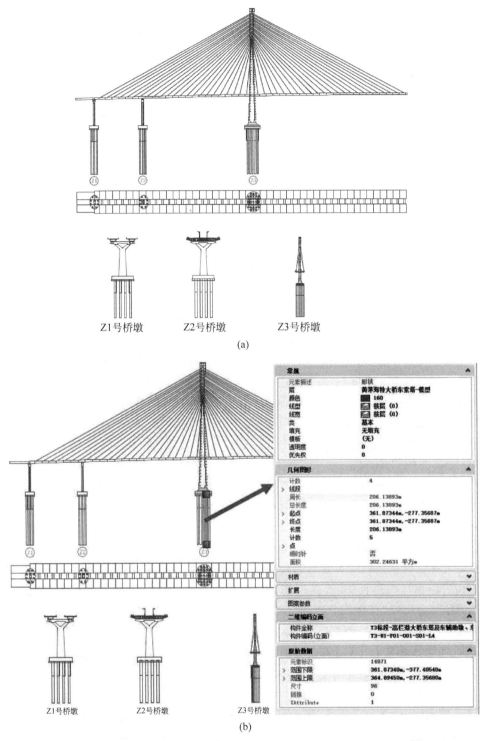

图 7.2　二维形象进度模型创建

（a）黄茅海跨海通道高栏港大桥东索塔二维进度图；（b）黄茅海跨海通道高栏港大桥东索塔二维进度模型图

表7.2 施工模拟内容

序号	方 案 名 称	方案模拟要求
1	主塔施工模拟	① 按主塔阶段划分完成塔区施工阶段的模拟； ② 方案模拟需建立包括塔式起重机、液压爬模、造型箱模板等施工临时措施，并进行动画交底； ③ 钢锚梁、斜拉索施工区域需对钢筋进行模拟，以检查构件间碰撞情况； ④ 预埋件位置钢筋布置需进行单独建模模拟，以检查构件间碰撞情况
2	塔区梁段施工模拟	等比例建模大墩位浮吊及塔区梁段支架，对塔区梁段的吊装作业进行施工模拟，并进行动画交底
3	主梁标准段施工模拟	等比例模拟桥面起重机、运输驳船等施工设备，对施工方案进行模拟，并进行动画交底
4	匝道桥施工模拟	通过BIM实景模型，对匝道桥施工进行施工组织模拟，根据各施工机械、施工设备、临时结构之间的空间关系，合理地组织生产施工，并进行动画交底

总体实施流程如下：

（1）总体施工工艺模拟

在工作分解结构（work breakdown structure，WBS）关联构件的基础上，将施工进度整合进BIM模型，形成4D施工模型，模拟项目整体施工工艺安排，检查主要施工步骤衔接的合理性。主要包括主塔节段钢筋分节模拟、施工塔式起重机布置模拟等工作。图7.3为塔式起重机布置模型成果。

（2）施工组织模拟

针对互通区施工界面复杂情况，地形地貌，构筑物的1：1精确建模，切实地指导现场施工与生产组织，后续结合施工方案，进行跨铁路、跨高栏港快速路专项方案模拟。图7.4为黄茅海互通三维模型，图7.5为互通上跨铁路桥模型。

4）"两区三厂"和现场工区三维可视化模拟

场地可视化模拟分析的主要目的是利用场地分析软件或设备，建立场地模型，在场地规划设计和公路设计的过程中，提供可视化的模拟分析数据，以作为评估设计方案选项的依据。进行场地分析时，宜详细分析场地的主要影响因素。结合本项目情况，钢筋场、拌和站、实验室以及工人生活区位于便道入口，进行场区的模拟。本项目便道长3.47km，与中土便道有交叉，且沿线鱼塘众多，便道在墩侧或墩间布设，通过BIM进行便道路线规划，以选出最优路线。项目工区及施工临建模拟如图7.6所示。

具体实施流程如下：

① 收集数据，包含电子地图、场地既有附属构筑物数据、周边构筑物数据、地貌数据，如高压线、河道等地貌及施工组织中"两区三厂"和现场工区的BIM模型，并确保测量勘察数据的准确性；

② 建立相应的场地模型；

③ 根据场地分析结果，评估场地设计方案或工程设计方案的可行性，判断是否需要调

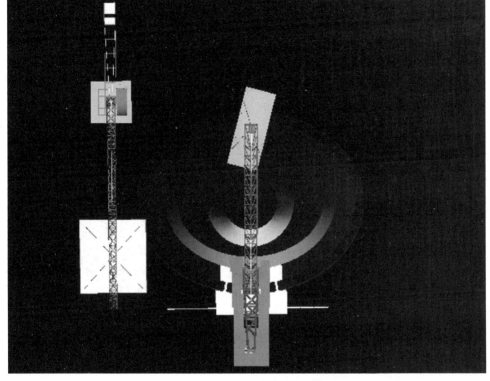

彩图 7.3

图 7.3　塔式起重机布置模型成果

整设计方案；模拟分析和设计方案调整是一个需多次推敲的过程，直到最终确定最佳场地设计方案或工程设计方案；

④ 根据设计方案，分析得出场地数据成果，与模型一并移交下一阶段。

5）大型临时设施、临建工程、预留预埋的三维模型建立

大型临时设施、临建工程、预留预埋的三维模型构建是在临时工程设计图的基础上，通过 Microstation、OpenRoads Designer、OpenBuilding Designer 软件进行三维建模，使其满足施工阶段模型深度要求，为后续施工模拟、场地模拟等深化应用提供基础模型。模型深度和构件要求需满足交付标准中的施工阶段的各专业模型内容及其基本信息要求。图 7.7 为预留预埋三维模型。

图 7.4　黄茅海互通三维模型

图 7.5　互通上跨铁路桥模型

6）主塔模板模型模拟改制、安装

主塔为空间曲面圆形和端渐变结构,模板设计若采用二维方式则很难模拟施工节段截面情况,通过建立精细的主塔施工模板模型,模拟每个主塔节段施工模板组成,指导现场模板倒用及改制,提高施工精细化水平,加快现场施工进度。索塔模型及模板改制如图 7.8 所示。

7）主塔钢筋模型指导加工精度及安装定位

项目主塔为空间渐变结构,通过二维的方式来实现钢筋的加工精度控制及快速安装定位施工难度大,故通过建立精细的主塔钢筋 BIM 模型,可实现指定一个断面就能很快地出具截图和二维 CAD 图,从而很好地指导现场钢筋制作胎架的加工,也能更好地指导现场主筋定位。以钢筋模型指导现场钢筋施工如图 7.9 所示。

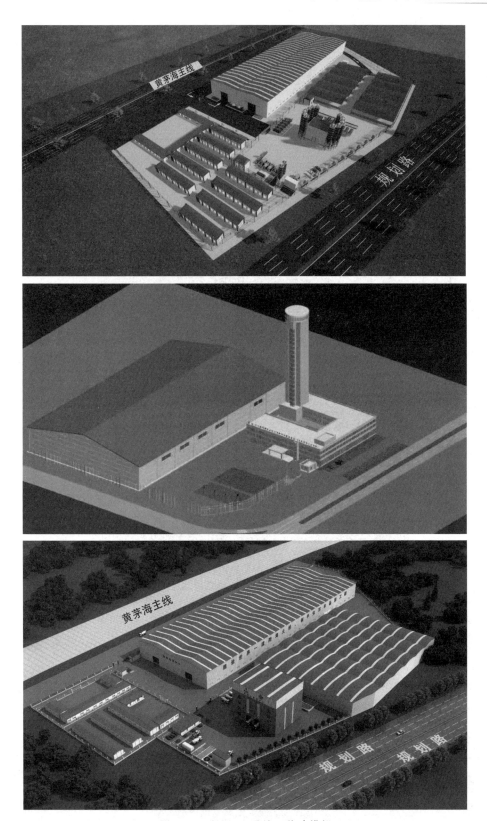

图 7.6　项目工区及施工临建模拟

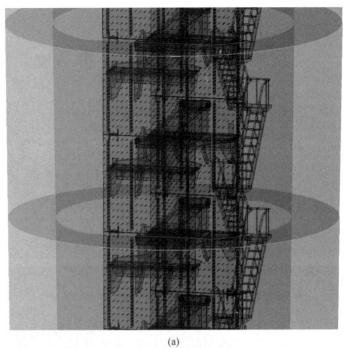

(a)

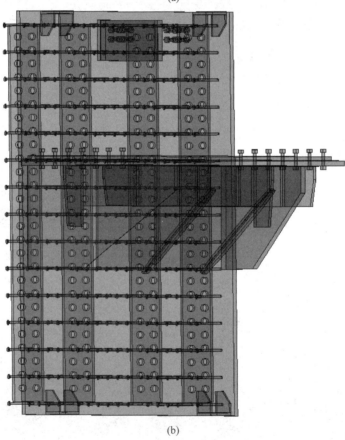

(b)

图 7.7 预留预埋三维模型

(a)塔内设施总装三维模型;(b)钢锚梁三维模型

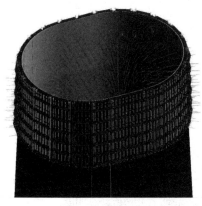

图 7.8　模型及模板改制

8）项目 BIM 电子沙盘及施工模拟系统建立

在高精度 BIM 模型获得了环境数据的基础上，项目结合综合展现、施工 BIM 技术应用等需求，建立了全实时互动式电子沙盘。沙盘采用次世代实时渲染引擎，集成了虚拟漫游成果展示、碰撞检测成果查看，主塔主要施工方案实时推演，从而利用电子沙盘实现可多视角分析施工过程、模拟施工状态，从而检查施工方案的可行性，也可用于与施工部门、相关专业协调施工方案，提高决策效率。图 7.10 为基于 BIM 电子沙盘的施工模拟系统。

2. 基于智慧工地平台的智能化管理

建筑工地采用作业区终端＋云端管理平台的应用模式。系统依托于工地有线/无线局域网、无线/有线传感网、数据接收设备以及相关传感设备等信息基础设施，通过统一的系统门户登录工地物联网管理平台。智慧工地的总体架构如图 7.11 所示。

1）远程视频监控建设与接入

本项目工地监控系统架构由三部分组成：前端施工现场、传输网络、监控中心。根据项目需求，在项目各个工点总共布置 23 个球机、30 个枪机，现场拟采用光纤连接的方式进行数据传输，实现工区和大临结构区域监控全覆盖。项目远程视频监控布置如图 7.12 所示。

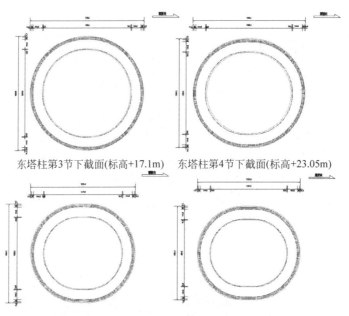

东塔柱第3节下截面(标高+17.1m)　　东塔柱第4节下截面(标高+23.05m)

东塔柱第6节下截面(标高+34.95m)　　东塔柱第7节下截面(标高+40.9m)

图 7.9　以钢筋模型指导现场钢筋施工

图 7.10　项目基于 BIM 电子沙盘的施工模拟系统

图 7.11　智慧工地总体架构

注：空缺处为没有拍到相关设备照片。

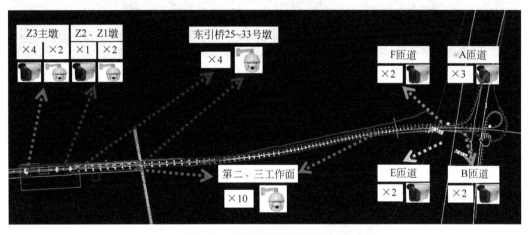

图 7.12　项目远程视频监控布置

项目远程视频监控网络建设最终达到的技术要求如下：

建立黄茅海跨海通道工程监控平台，建设过程在线监控、数据汇集和分析的视频监控系统，并把相关视频数据接入发包人智慧工地管控平台，视频远程在线监控功能包括：支持随时查看分散工地现场施工情况；支持事后溯源查看；支持中心上墙预览、回放；支持全局整体查看、重点区域查看细节要求；支持夜间能看清细节要求。图 7.13 为项目远程视频监控管理大屏。

同时，在现有视频监控的基础上加入 AI 技术，通过 AI 技术识别分析人员安全帽佩戴、反光衣穿戴、高空作业佩戴安全带、明火、危险区域闯入等安全隐患，发现后可立即报警，报警信号通过短信、APP 端同步推送至相应管理人员或者行为人员，同时形成抓拍照片台账，保存于系统后台数据库用于统计分析，管理人员可以通过电话、对讲机对其进行喊话提醒。

AI识别设备架构如图7.14所示。图7.15为项目AI隐患识别系统。

图7.13　项目远程视频监控管理大屏

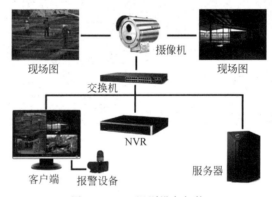

图7.14　AI识别设备架构

2) 智能门禁及人员识别系统建设与接入

根据相关要求,结合本项目需求,在海上作业区域栈桥入口处建立支持工卡、人脸、手机智能识别等多种形式的智能门禁和人员识别系统,可进行人脸识别验证、安全帽佩戴检测、人体温度监测,不满足进场条件的人员智能门禁阻止进入,并接入发包人智慧工地管控平台,计划在水上栈桥出入口及三集中场地出入口设置门禁系统。项目智能门禁及人员识别硬件布置如图7.16所示。

通过现场硬件的布设及系统的搭建,实现门禁系统与发包人BIM信息化管理平台劳务

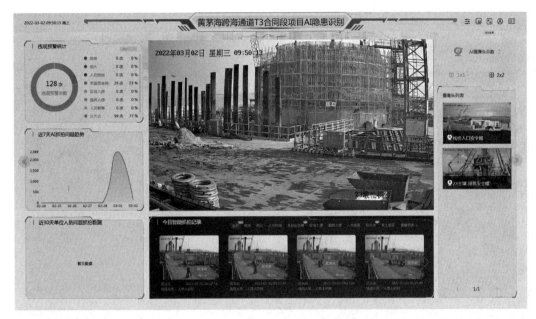

图 7.15 项目 AI 隐患识别系统

图 7.16 项目智能门禁及人员识别硬件布置

人员系统对接(通过 BIM 系统授权人员出入),建立项目级信息指挥中心,门禁监控接入信息监控指挥大屏,建立专人值守制度,提供门禁监控数据看板。图 7.17 为项目智能门禁及人员识别管理系统。

3)环境监测系统建设与接入

根据相关要求,结合本项目需求,生态环境监测系统主要包括:混凝土拌和站喷雾降尘、道路环境(便道)喷雾降尘、工地施工区域粉尘污染、水质水土保持等。实现环境监测系统的安装,并实现数据上传。项目环境监测现场硬件布设如图 7.18 所示,环境监测平台数据显示如图 7.19 所示。

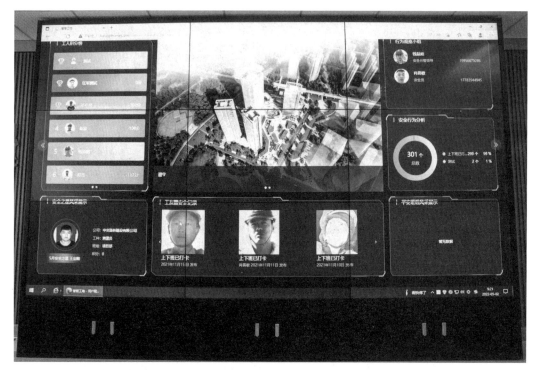

图 7.17　项目智能门禁及人员识别管理系统

图 7.18　项目环境监测现场硬件布设

4）拌和站数控设备建设与接入

本项目混凝土集中拌和，全面采用智能化数控自动化拌和站控制系统及设备，自动监测每一盘混凝土拌和原材料用量和配合比；采用智能化数控混凝土运输及泵送设备，自动监测混凝土泵送数量、浇筑时间以及外场温度等。

主要通过搭建网络通信基础设施，将混凝土拌和站系统接入数字一体化平台进行实时

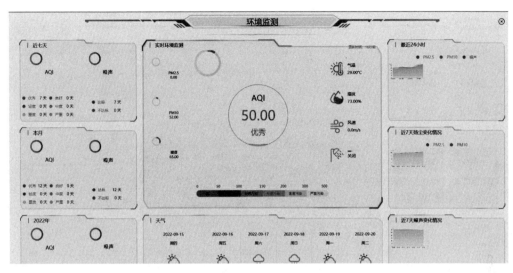

图 7.19　环境监测平台数据显示

监测,对接系统包括原材料数据、配合比数据、生产计划、生产过程数据、原材料消耗等。项目拌和站监测系统如图 7.20 所示。

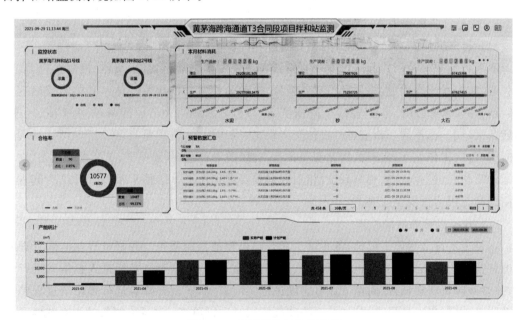

图 7.20　项目拌和站监测系统

5）数字化试验设备软硬件建设与接入

本项目采用自动化和信息化试验设备,实现对压力机、试验仪等仪器的数据自动采集、自动传输,保证试验数据的真实有效和真实反馈。

项目通过建立实验室设备实时在线数据采集、传输、分析及监测系统,搭建网络通信基础设施,并将试验数据推送至建设方平台,实现数据自动上传平台、自动生成数据报表、进行分析、事后问题追溯等功能。图 7.21 为项目智慧实验室系统界面。

图 7.21　项目智慧实验室系统

6）特种设备数据采集软硬件建设与接入

（1）起重机及门式起重机运行安全监测

本项目起重机及门式起重机安全监控管理系统由传感器、信号采集器、控制执行器、显示仪表、监控系统等组成，将显示、控制、报警、视频监控等功能集为一体。具体监控内容包含：起重量、起重力矩、起升高度/下降深度、运行行程、幅度、大车运行偏斜、水平度、风速、回转角度、同一或不同一轨道运行机构安全距离、操作指令、支腿垂直度、工作时间、每次工作时间、每次工作循环、起升机构制动器状态、抗风防滑状态、联锁保护、工况设置状态、供电电缆卷筒状态、过孔状态、视频系统，相关数据按要求接入统一管理平台。图 7.22 为起重机及门式起重机运行安全监测。

（2）升降机智能监测管理

项目主塔设 2 台施工电梯，各布置 1 套升降机智能监测系统。升降机智能监测管理模块通过智能化传感器对升降机运行状态、高度、载重、前后门状态以及司机人脸信息进行采集，并对升降机轨道偏位、附墙支撑可靠度进行实时监测，实现升降机运行状态全过程参数自动监测预警，当发生异常情况时，系统和现场同时进行预警并联动升降机动力系统停止运行。图 7.23 为项目升降机智能监测管理。

（3）塔式起重机智能监测管理

本项目索塔施工配备 2700 动臂式起重机一套，主梁施工配备 7052 塔式起重机一套。主要实现通过人脸识别设备控制操作司机持证上岗；通过变幅、高度、回转等传感器，实现塔式起重机的运行姿态模拟，实现塔式起重机防碰撞预警；通过载重等传感器反馈的信息数据，分析塔式起重机的吊重、吊次，从而合理规划场地平面布置，调整维保周期。图 7.24 为项目塔式起重机智能监测管理。

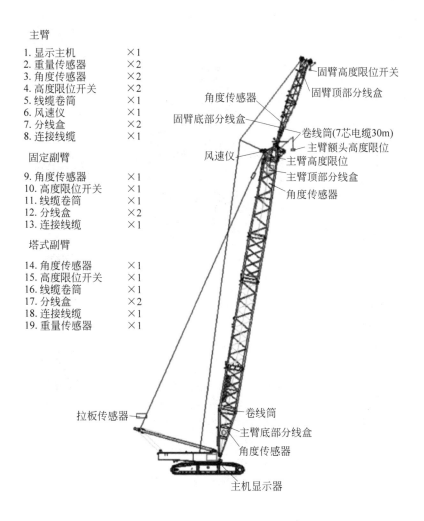

主臂
1. 显示主机　　　　×1
2. 重量传感器　　　×2
3. 角度传感器　　　×2
4. 高度限位开关　　×2
5. 线缆卷筒　　　　×1
6. 风速仪　　　　　×1
7. 分线盒　　　　　×2
8. 连接线缆　　　　×1

固定副臂
9. 角度传感器　　　×1
10. 高度限位开关　　×1
11. 线缆卷筒　　　　×1
12. 分线盒　　　　　×2
13. 连接线缆　　　　×1

塔式副臂
14. 角度传感器　　　×1
15. 高度限位开关　　×1
16. 线缆卷筒　　　　×1
17. 分线盒　　　　　×2
18. 连接线缆　　　　×1
19. 重量传感器　　　×1

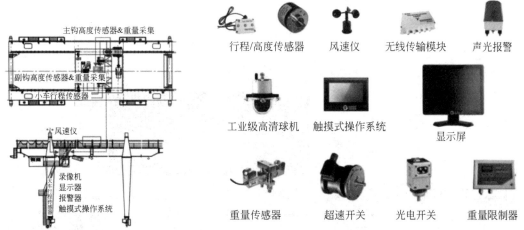

图 7.22　起重机及门式起重机运行安全监测

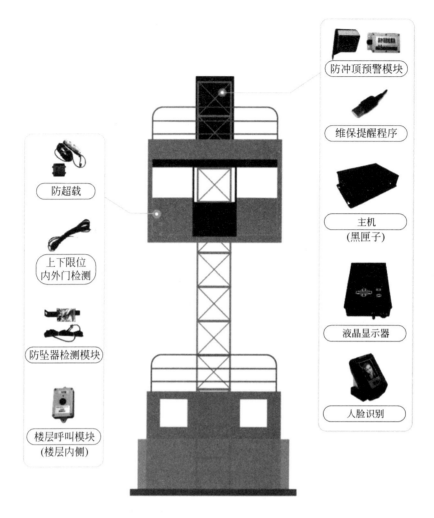

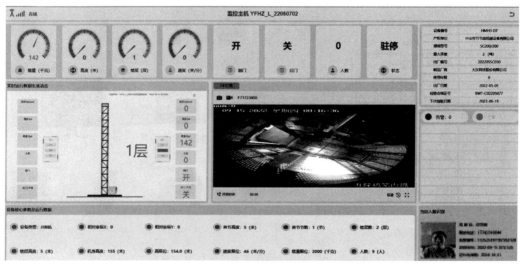

图 7.23　项目升降机智能监测管理

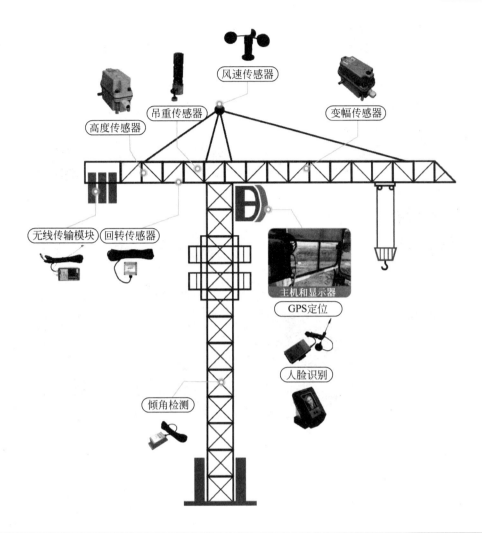

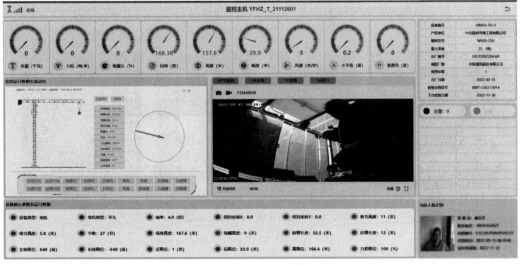

图 7.24 项目塔式起重机智能监测管理

（4）架桥机智能监测管理

本项目架桥机安全监测系统由智能化架桥机安全监测预警和信息化管理系统组成，能够全方位保证架桥机的安全运行，具有架桥机防超载、防限位、防倾翻、防风速大等功能，能够提供架桥安全状态的实时预警和控制，是集精密测量、人工智能、自动控制等多种高新技术于一体的电子系统产品和信息管理系统。架桥机安全监测系统如图7.25所示。

图7.25　架桥机安全监测系统

7）数字化施工监控系统建设与接入

本项目高大模板支撑系统在混凝土浇筑过程中和浇筑后一段时间内，由于受压可能发生一定的沉降和位移，如变化过大可能发生垮塌事故。为及时反映高支模支撑系统的变化情况，预防事故的发生，应计划对支撑系统进行沉降和位移监测。支撑系统沉降和位移监测如图7.26所示。

无线倾角传感器　　　　无线位移传感器　　　　无线压力传感器　　　　无线声光报警器

图7.26　支撑系统沉降和位移监测

8）智能地磅及车辆管理

（1）智能地磅

通过在施工现场安装智能地磅和车牌识别系统，对进出工地的混凝土、钢筋、周转材料的运输车等自动识别车牌、自动登记、材料重量自动计算,数据自动上传。车辆上秤之前,车辆识别摄像头识别车辆信息,闸机开启,允许车辆上秤,车辆上地磅平台后,秤台重量稳定,并且防撞雷达检测不到车辆时,称重仪表测出车辆的重量,全景摄像机同时抓拍车辆图片并录像,并传递给智慧工地平台系统,系统将称重结果及对应图片信息存入数据库中,可供后台打印机打印。项目物资管理系统如图 7.27 所示。

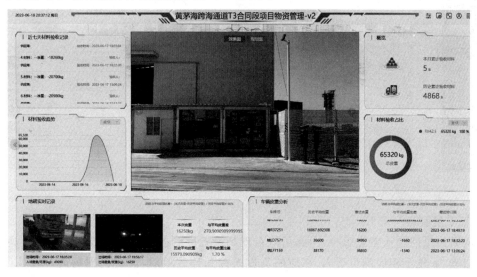

图 7.27　项目物资管理系统

（2）车辆管理

在海上栈桥出入口加装车牌识别系统,对进出施工现场的车辆进行拍照登记,包含车辆牌照号码、车型,车辆进出场时间等,自动采集车辆出入记录并上传出入影像记录至云平台及智慧工地 APP。在项目施工场地设置多处监控超速装置,通过现场硬件的布设及项目测量测速系统的搭建使用来加强施工区域车辆管理。监控内容包括车流程统计、超速车辆统计、车辆抓拍。车辆测速系统如图 7.28 所示。

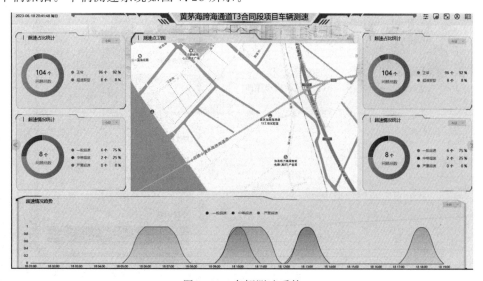

图 7.28　车辆测速系统

图 7.28(续)

9）质量管理

现场拍摄问题或者隐患照片后，可以在现场或者回到办公室后上传到软件平台，生成整改通知单，下发至相应的负责人，相应的负责人接到整改单后，需要去现场进行确认。质量管理流程如图 7.29 所示。

图 7.29 质量管理流程

　　整改完成后,现场进行拍照回复并且由相应负责人确认。在确认后,系统自动完成质量资料的闭合并进行归档。若在整改单时间内未完成整改,将会自动出现在领导系统提示,并进行相关责任人的提醒。图 7.30 为质量管理系统。

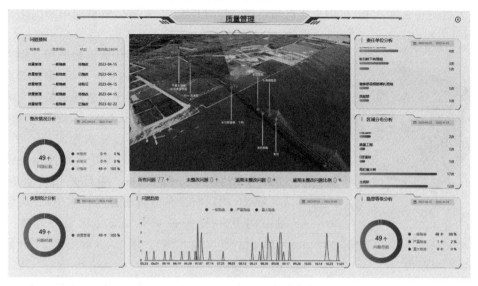

图 7.30　质量管理系统

7.2　深中通道案例

7.2.1　工程概况

　　深中通道工程位于我国广东省珠江中游核心区域,东起深圳机场南侧,终于中山马鞍岛横门,项目路线全长 23.976km,桥梁全长 17.034km,隧道全长 6845m,推荐采用沉管工法,沉管段长 5035m。海中设东、西人工岛,东岛面积 35.38 万 m^2,西岛面积 13.7 万 m^2。深中通道设计如图 7.31 所示。

图 7.31　深中通道设计

西人工岛位于伶仃航道和矾石水道之间,承载着隧、桥快速交通转换的重要功能,是主体工程的关键节点。岛长 625m,呈"风筝"形状,围护结构采用直径 28m 的钢圆筒结构,共计 57 个;岛壁结构总长度 1622m,采用抛石斜坡堤结构,护面块体采用 8t 扭王字块(局部14t);救援码头长度 65m,采用直立沉箱结构;基槽疏浚 68 万 m³,基槽回填和人工岛陆域形成回填中粗砂 166 万 m³。

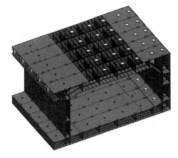

图 7.32　钢壳混凝土沉管隧道结构

深中通道海底沉管隧道创新性地采用了钢壳混凝土新型组合结构方案,属国内首次应用、国际首次大规模应用,图 7.32 为钢壳混凝土沉管隧道结构。海底隧道总长 6845m,其中沉管段长 5035m,管节共 32 个,其中标准管节(长 165m)26 个,变宽管节(长 123.8m)6 个,标准管节单个质量约 7.6 万 t,最终接头设置于 E22 和 E23 之间,长 2.2m。项目采用设计速度为 100km/h 的双向 8 车道高速公路技术标准,沉管隧道采用两孔一管廊断面形式,建筑限界净宽 2m× 18.0m,标准管节尺寸为 165m×46m×10.6m(长×宽×高)。图 7.33 和图 7.34 分别为沉管隧道横、纵断面。

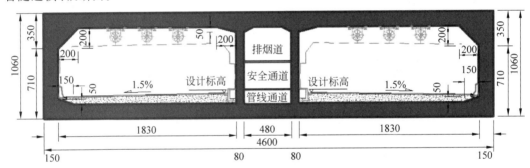

图 7.33　深中通道沉管隧道横断面(单位:cm)

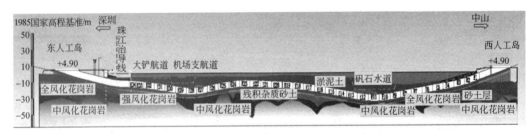

图 7.34　深中通道沉管隧道纵断面

7.2.2　建造智能化管理技术体系

1. 智能化管理硬件及软件基础

本项目工程建造过程智能化管理的硬件系统主要包括台式工作站、计算机、服务器、交换机、手机、LED 智慧屏、视频监控摄像头、传感器等;软件系统主要包括 PW 协同管理平台、混凝土浇筑管理系统、智慧工地平台等。

2．智能化管理技术体系

本项目工程建造过程的智能化管理技术体系主要包括：西人工岛设计阶段的 BIM 应用、钢壳混凝土沉管隧道智能建造和基于"BIM＋移动互联网"的智慧工地。西人工岛设计阶段的 BIM 应用主要可实现以下几方面的功能：人工岛三维设计模型和项目信息模型可视化、与业主 PW 平台数据远程同步、西人工岛整体工序模拟、优化岛体结构工程量、优化人工岛岛堤接地边线设计、基于三维地质的钢圆筒打设深度复核、水工护面块体的快速放置、水运工程元件库的建立、自动输出构件配筋二维图纸及工程量等。钢壳混凝土沉管隧道智能建造过程主要包括：基于"互联网＋BIM 技术＋智能机器人"的沉管钢壳智能制造、基于"BIM＋智能传感＋物联网技术"的钢壳混凝土沉管自密实混凝土智能浇筑、钢壳混凝土密实度智能化检测和钢壳沉管管节智慧安装。基于"BIM＋移动互联网"的智慧工地，可实现工程项目建设全过程全方位管控、全生命周期关键信息互联共享以及参建各方工作协同，提升项目管理信息化智能化水平。

7.2.3　建造智能化管理技术应用

1．西人工岛设计阶段的 BIM 应用

基于 BIM 技术，根据人工岛技术特点，建立并完成人工岛 BIM 设计模型，提交满足 BIM 信息化管理要求的深中通道人工岛工程信息模型。充分发挥 BIM 技术在工程应用方面的优势，实现安全、高效、可持续的新型设计方式，为项目施工建造提供必要的信息模型和技术指导。

利用 PW 协同管理平台，完成对设计工作环境的统一管理以及对工作流程、工作成果分权限的控制，实现项目电子文件以及模型文件交付，向业主 PW 管理平台远程同步数据。图 7.35 为 PW 协同管理平台。

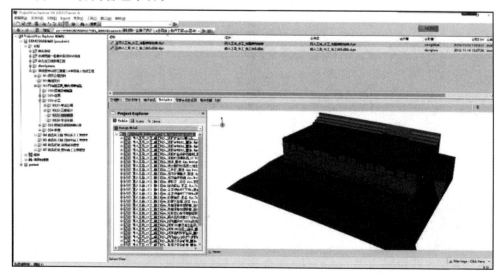

图 7.35　PW 协同管理平台

BIM 应用成果主要包括以下 5 个方面。

1) 可视化

通过建模实现人工岛三维设计模型和项目信息模型可视化(图 7.36)、人工岛堤身漫游可视化(图 7.37)及人工岛整体渲染漫游可视化(图 7.38)。

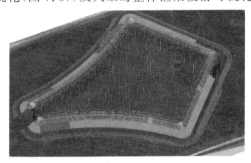 

图 7.36　人工岛三维设计模型、项目信息模型可视化

彩图 7.37

 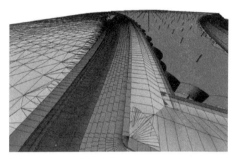

图 7.37　人工岛堤身漫游可视化

图 7.38　人工岛整体渲染漫游可视化

2) 协同性

基于 PW 管理平台的协同设计(图 7.39),实现与业主 PW 平台数据远程同步。

3) 仿真性

实现了工序的模拟,图 7.40 为西人工岛整体工序模拟图,图 7.41 为西人工岛救援码头工序模拟图,图 7.42 为岛堤挡浪墙结构缝模拟和地基处理分区展示图。

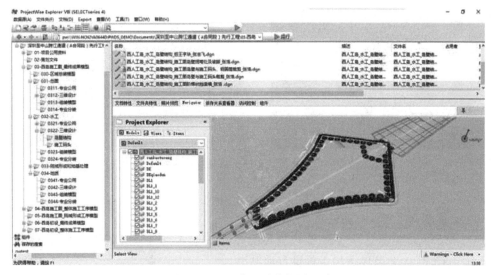

图 7.39　PW 管理平台协同设计

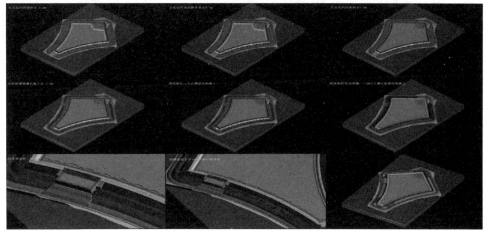

彩图 7.40

图 7.40　西人工岛整体工序模拟

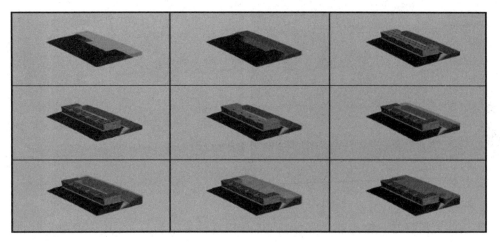

彩图 7.41

图 7.41　西人工岛救援码头工序模拟

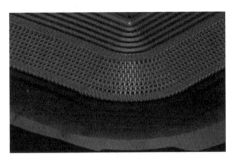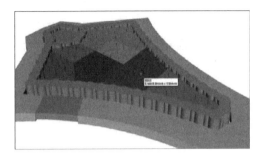

图 7.42　岛堤挡浪墙结构缝模拟和地基处理分区展示

4）优化性

（1）岛体结构工程量自动输出

BIM 模型实现工程量自动输出，改变传统算量手段，节约计算时间约 30%，大幅提升了工作效率。图 7.43 为岛体结构工程量自动输出。

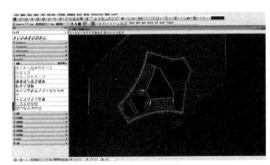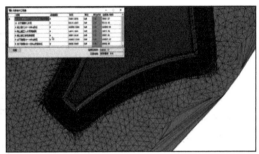

图 7.43　岛体结构工程量自动输出

（2）西人工岛岛堤接地边线设计优化

西人工岛风筝状岛体结构形式较为复杂，岛堤接地边线等利用传统二维设计手段很难得到，项目中借助 BIM 手段实现多个部位轮廓线的快速提取输出，辅助优化设计。图 7.44 为西人工岛岛堤接地边线设计优化。

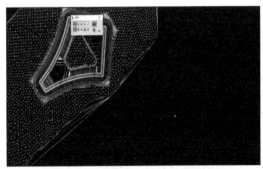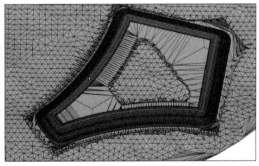

图 7.44　西人工岛岛堤接地边线设计优化

（3）基于三维地质的钢圆筒打设深度复核

将钢圆筒模型与三维地质模型结合，进行任意位置剖切分析，复核钢圆筒打设深度（图 7.45），节省用钢量。

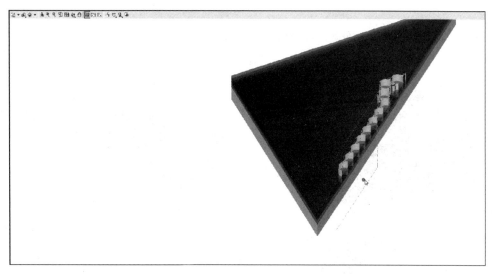

图 7.45 钢圆筒打设深度复核

（4）水工护面块体的快速放置

西人工岛堤身轴线方向为不规则弧线设计，堤身护面块体摆放更为复杂，本项目通过二次开发手段实现了 BIM 建模中任意平面块体自动摆放功能（图 7.46），并在此基础上开展基于 BIM 手段的护面块体数量的快速复核。

（5）水运工程元件库的建立

将预制沉箱、系靠船设备和护面块体等对其他工程有使用价值的构件建立元件库，丰富水运工程项目元件库，如图 7.47 所示。

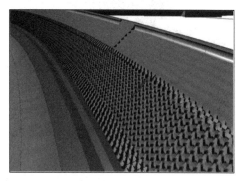

图 7.46 水工护面块体

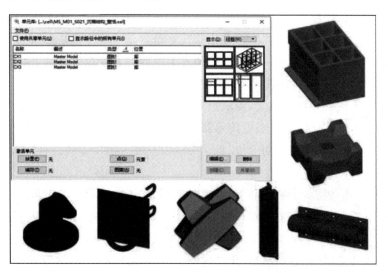

图 7.47 水运工程元件库

5）可出图性

救援码头构件配筋图输出，实现沉箱及胸墙等构件三维配筋，自动输出二维图纸及工程量，如图 7.48 所示。

彩图 7.48

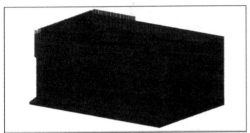
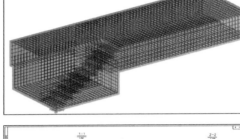

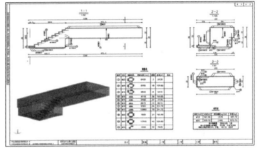

图 7.48   自动输出二维图纸及工程量

2. 钢壳混凝土沉管隧道智能建造

1）沉管钢壳智能制造

以"互联网＋BIM 技术＋智能机器人"为抓手，在重工业领域首次研制成功了钢结构智能制造生产线。主要研发钢壳小节段车间智能制造、中节段数字化搭载和大节段自动化总拼生产线，其中小节段车间智能制造是核心，研发"四线一系统"智能制造生产线，如图 7.49 所示，具体包括板材/型材智能切割生产线、片体智能焊接生产线、块体智能焊接生产线、智能涂装生产线、车间制造执行过程的信息化管控系统。图 7.50 和图 7.51 分别为智能切割生产线和智能焊接生产线，智能制造生产线和人工制造的工效相比效率更高。

2）钢壳混凝土沉管自密实混凝土智能浇筑

为保障自密实混凝土浇筑质量，实现钢壳自密实混凝土高品质浇筑，研发智能化浇筑装备和智能浇筑小车，通过传感器（温度传感器、定位仪、混凝土液面测距仪等）、智能浇筑小车可实现混凝土自动布料、快速自动寻位、自动浇筑以及浇筑速度控制。自密实混凝土智能浇筑设备如图 7.52 所示。

基于 BIM、智能传感和物联网技术，研发涵盖混凝土生产、运输、浇筑、检测的钢壳沉管混凝土浇筑全过程智能化、信息化管理系统，利用大数据辅助决策，实现沉管预制各环节任务智能分配，实时监控记录以及施工缺陷快速定位，自动生成报表的优质、高效、智能化、精细化管理，实现"管节预制全过程信息化管控"，提升混凝土浇筑品质，降低混凝土浇筑过程的损耗，实现优化资源配置、降本增效。混凝土浇筑管理系统如图 7.53 所示。

图 7.49　"四线一系统"智能制造生产线

图 7.50　智能切割生产线

图 7.51　智能焊接生产线

图 7.52　智能浇筑设备

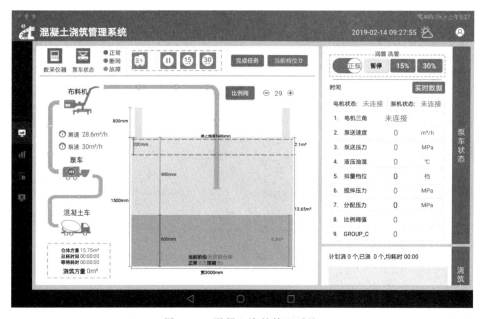

图 7.53　混凝土浇筑管理系统

3）钢壳混凝土密实度智能化检测

为了实现无损、快速、高效、精确的钢壳混凝土脱空缺陷检测,基于现场原型试验及典型工程示范应用,借鉴传统冲击检测仪,利用弹性波近源波场的响应特性,建立冲击响应强度指标与脱空高度的对应关系,结合定位、激振器、传感器、控制主机等功能,提出脱空位置精确定位智能化检测方法,研发出阵列式智能冲击映像设备,实现了钢壳混凝土的快速检测,同时可实现精准检测缺陷脱空位置、脱空面积、脱空高度的可视化处理,形成二维或三维图像。基于项目足尺模型底板+顶板开盖盲检对比,位置综合符合率达到 88.7%,面积综合符合率为 87.5%,满足项目需求。冲击映像法脱空检测成像和顶板开盖实际情况对比如图 7.54 所示。

彩图 7.54

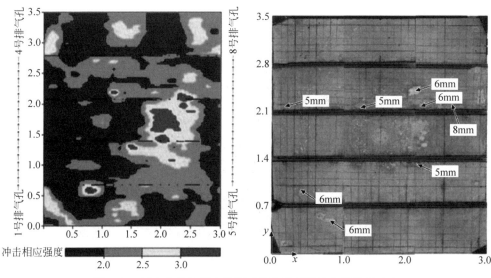

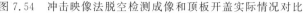

图 7.54　冲击映像法脱空检测成像和顶板开盖实际情况对比

4）钢壳沉管管节智慧安装

为降低施工风险，保障水上公共安全、提高对接精度、减少疏浚量，结合项目需求，研发沉管运输安装一体船，如图 7.55 所示。该船是集沉管浮运、定位、沉放和安装等功能于一体的，具有动力定位（dynamic positioning，DP）和循迹功能的专用船，具有航迹线控制、自航速度快、抵抗横流、减少航道通航影响、可实现应急回拖、施工风险可控、管节结构适应性强等优点，能提升长距离管节浮运施工安全保障能力，并大幅提升浮运安装工效，实现智慧安装；同时，相比传统管节浮运安装方式，可大幅减少浮运航道的疏浚量 1500 万 m^3，节省造价约 5 亿元。另外，该船配备沉管沉放姿态控制系统，可实现沉管水下 50m 的精准沉放与毫米级对接。

图 7.55　沉管运输安装一体船

3. 基于"BIM+移动互联网"的智慧工地

基于"互联网+交通基础设施现代管理理念"发展新思路，推进大数据与项目管理系统深度融合，建立以 BIM 技术为基础的项目管理平台，逐步实现工程全生命周期关键信息的互联共享以及参建各方工作协同；推行"智慧工地"建设，积极推广智慧工卡、一机一码、工艺监测、安全预警、隐蔽工程数据采集、远程视频监控等设施设备在施工管理中的集成应用，确保现场"看得见、喊得着、管得住"，实现项目建设全过程、全方位管控，提升项目管理信息化水平，推动现代工程管理水平及工程品质的提升。图 7.56 为智慧深中协同管理平台。

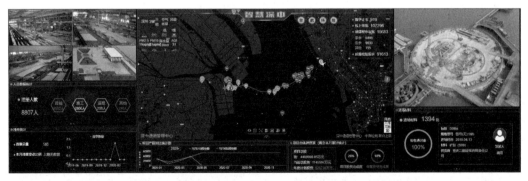

图 7.56　智慧深中协同管理平台

第8章

超高层建筑工程建造智能化管理应用

随着我国经济和科技水平的不断发展,城市用地紧张程度不断加剧,超高层建筑节约用地和使用效率高的优势不断凸显。同时,超高层建筑的规模和功能的变化不仅使得建筑设计的复杂性不断提高,也给其工程的施工管理提出了新的挑战。传统二维 CAD 设计方法由于容易出现图纸错误、协同设计难实现、碰撞问题难发现、多方沟通协调难、工程量统计难等问题给工程项目带来诸多不便。而 BIM 技术、可视化应用以及智慧工地集成应用等可以很好地解决这些问题。

8.1 海能达全球总部大厦案例

8.1.1 工程概况

本项目位于深圳市南山区粤海街道后海中心区兰香三街以南,兰桂一路以东,兰桂二路以西,兰香二街以北,是集商业、办公、会议中心为一体的超高层建筑,南北方向长 119.5m,东西方向宽 50m。本项目为商业用地,总用地面积 5925m^2,由地下车库及商业(地下 4 层)、地上裙楼(9 层)、地上塔楼(43 层)组成,如图 8.1 所示。

塔楼采用斜交网格钢筒-钢筋混凝土单侧双角筒结构体系,楼面梁采用钢梁,楼盖采用钢筋桁架楼承板。裙房为框架-剪力墙结构体系,塔楼建筑高 211.08m,含塔尖总高度 257.5m,裙楼地上 9 层建筑,建筑高度 40.1m,如图 8.2 所示。

8.1.2 建造智能化管理技术体系

1. 建造智能化管理技术体系硬件及软件基础

硬件类别包括台式工作站、移动工作站、LED 智慧屏、3D 扫描仪、无人机等,如图 8.3 所示。软件类别包括 Revit 2019、3DMax 2019、Navisworks 2019、Premiere Pro CS6、After Effects CC 2016、Dynamo 1.3、FOURE、Lumion 8.0 等,如图 8.4 所示。

图 8.1　海能达全球总部大厦效果

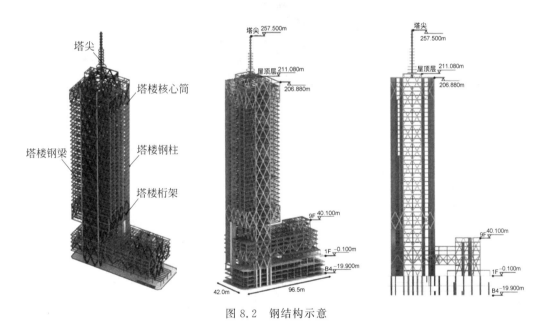

图 8.2　钢结构示意

2. 建造智能化技术体系应用场景

本项目实现智能建造管理的技术体系场景包括项目施工组织管理、土建工程及其机电工程。建造智能化技术体系也主要用于解决项目中存在的重难点问题,而本项目施工组织管理中的重难点体现在工期紧、工序繁复、场地狭小以及对外界影响大;土建工程中的重难点体现在大体积开挖土方以及现阶段需要符合绿色施工工艺的要求;机电工程中的重难点则体现在机电管线复杂、管线系统大且类型多、管线深化设计难度大、吊装安装难度大等。

图 8.3 硬件类别

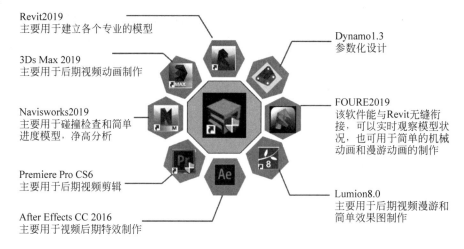

图 8.4 软件类别

针对各项重难点采用的管理技术包括：施工组织管理，通过已经建立好的模型对施工平面组织、材料堆场、现场临时建筑及运输通道进行模拟，调整优化建筑机械（塔式起重机、施工电梯）布局等，模拟施工机械的安装和拆卸的动画；土建工程中利用 BIM 技术，建立结构模型，进行可视化管理，进行技术交底辅助施工算量以及通过 BIM 模型模拟施工过程中的施工环境及施工工艺，对不符合绿色施工要求的工艺进行优化；机电工程中建立 BIM 模型，将建筑结构设备各专业进行碰撞检查，导出碰撞报告，根据国家规范和实际要求，进行设计优化。

8.1.3 建造智能化管理技术应用

1. 三维激光扫描可视化模型应用

通过三维激光扫描技术，可以快速准确地获取空间的三维点云数据，继而快速建立复杂结构、不规则场景的三维可视化模型（图 8.5），为后续 BIM 应用提供了全面、可靠的数据支持。将已有的 BIM 参数化模型导入检测软件中，与扫描仪测得的实际点云数据进行对比分析检测进而输出分析报告,报告内容如图 8.6、图 8.7 所示。从报告中可以快速地查看问题的分类、具体位置以及各方的处理意见等。

彩图 8.5

图 8.5　土建点云模型

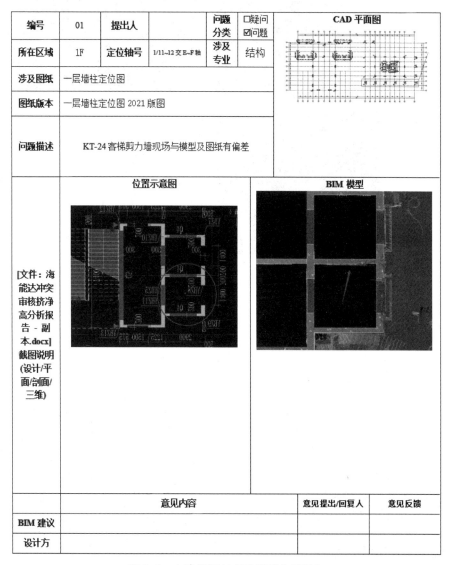

编号	01	提出人		问题分类	□疑问 ☑问题	CAD 平面图
所在区域	1F	定位轴号	1/11~12交E~F轴	涉及专业	结构	
涉及图纸	一层墙柱定位图					
图纸版本	一层墙柱定位图 2021 版图					
问题描述	KT-24 客梯剪力墙现场与模型及图纸有偏差					

	位置示意图	BIM 模型
[文件:海能达冲突审核挤净高分析报告 - 副本.docx] 截图说明 (设计/平面/剖面/三维)		

	意见内容	意见提出/回复人	意见反馈
BIM 建议			
设计方			

图 8.6　土建模型与点云模型分析报告

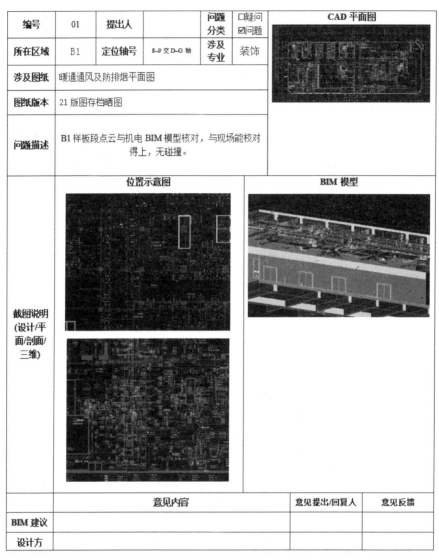

编号	01	提出人		问题分类	□疑问 ☑问题		CAD 平面图
所在区域	B1	定位轴号	8-9 交 D-G 轴	涉及专业	装饰		
涉及图纸	暖通通风及防排烟平面图						
图纸版本	21 版图存档晒图						
问题描述	B1 样板段点云与机电 BIM 模型核对，与现场能校对得上，无碰撞。						
截图说明 (设计/平面/剖面/三维)	位置示意图				BIM 模型		
	意见内容			意见提出/回复人		意见反馈	
BIM 建议							
设计方							

图 8.7　机电 BIM 模型与点云模型分析报告

2. 倾斜摄影及自动化建模应用

与传统的正向摄影不同，倾斜摄影通过搭载于飞行平台上的摄取设备，分别从一个竖直方向、四个相互垂直的倾斜方向获取待测区域的图像资料，简单连续的二维影像即可还原真实的三维实景模型。其模型生成过程为：航线规划→影像采集→区块导入→创建工程→空中三角测量→重建生成模型→三维实景模型。然后，通过高效的数据采集设备及专业的数据处理流程自动生成倾斜摄影数据模型（图 8.8），直观地反映地物的外观、位置、高度等属性。该技术不受项目的位置条件限制，可便捷、高效地生成项目模型。

3. 应急疏散模拟应用

在结构设计初期，利用疏散仿真软件，结合逃生时间对楼梯的设置进行确定。通过模拟

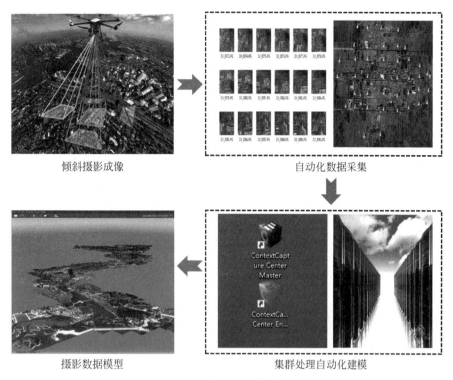

倾斜摄影成像　　　　　　　　　　　自动化数据采集

摄影数据模型　　　　　　　　集群处理自动化建模

图 8.8　倾斜摄影及建模过程

优化前后逃生人数随时间的变化关系(图 8.9 和图 8.10),以及优化前后疏散人员流速随时间的关系(图 8.11 和图 8.12),最终得出在楼层两侧设置两处楼梯已能满足应急情况疏散要求,进而优化了最初的设计,减少了不必要的楼梯建设,节约成本,提高空间使用率。

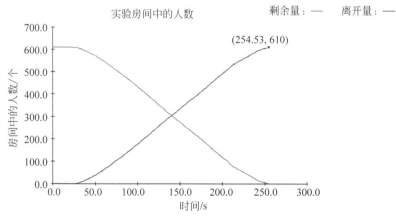

彩图 8.9

图 8.9　初版设计逃生时间曲线

4. 多模型同时搭建及深化场地布置应用

在设计阶段,实现土建模型、机电模型和幕墙模型同时快速搭建(图 8.13),大大提升了出图速度,同时通过可视化的三维场地布置模型(图 8.14)能够提前预判场内建筑物、构筑物及交通线路的布局是否合理,以便及时调整。

彩图 8.10

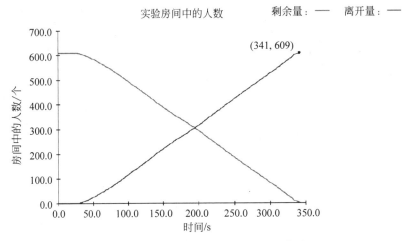

图 8.10 优化结构布局后逃生时间曲线

彩图 8.11

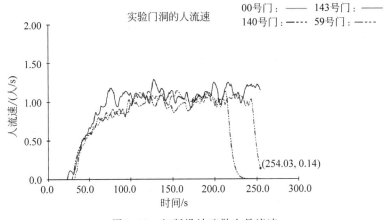

图 8.11 初版设计疏散人员流速

彩图 8.12

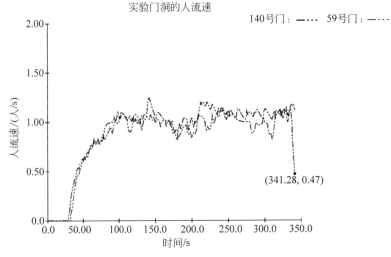

图 8.12 优化结构布局后疏散人员流速

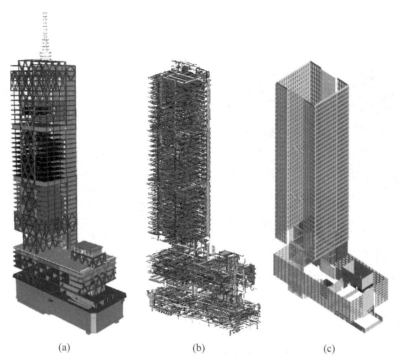

图 8.13　多模型同时搭建

（a）土建模型；（b）机电模型；（c）幕墙模型

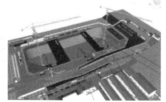

图 8.14　三维场地布置模型

5. 可视化 BIM 模型深化平面布置应用

利用 BIM 技术模型可视化特性，将现场实拍图转化为 BIM 模型图（图 8.15 和图 8.16），方便直观地模拟、规划各施工阶段现场平面布置，对现场机械、材料堆场、加工场地配置优化，合理安排空间和资源，缩短了各类材料的搬运距离。现场实际施工过程中实现了以下优化：

（1）现场平面布置随着工程施工进度进行调整，阶段平面布置要与该时期的施工重点相适应，减少专业工种之间交叉作业，提高劳动效率。

（2）在满足施工需要的前提下，紧凑合理使用施工场地；施工材料堆放尽量设在垂直运输机械覆盖的范围内，减少二次搬运。

（3）改善施工场地状况及场地主要出入口交通状况，合理进行物流交通组织，保证场内施工道路畅通。

（4）充分考虑了施工机械设备、办公、道路、现场出入口、临时堆放场地等的优化合理布置。

图 8.15　裙楼施工实拍

图 8.16　裙楼施工 BIM 模型

6. 三维机电施工图深化应用

项目机电管线进行综合排布，实现从平面图到三维可视化图的转变（图 8.17 和图 8.18）。通过三维可视化模型，直观地反映出各专业之间碰撞问题，在施工前期，通过进行碰撞检测，逐一排查，解决大碰撞。现场队伍严格按照深化后的机电专业图纸施工，可大大地减少施工周期与拆改量；针对管线复杂区域，进行针对性出图，并结合三维可视化交底。

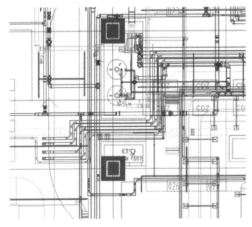

图 8.17　地下室平面深化

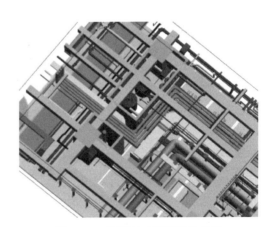

图 8.18　地下室三维可视化交底

本项目避难层有换热机房以及水泵房，机房设备功率大，使得机房内以及接入核心筒管井位置管线密集，且净高低（图 8.19），通过三维可视化模型，针对机房内管线净高综合优化，优化后大大提高了机房内的空间使用率（图 8.20）。

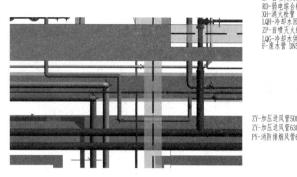
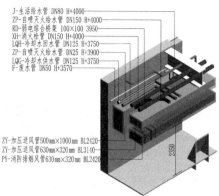

J-生活给水管 DN80 H+4000
ZP-自喷灭火给水管 DN150 H+4000
RD-弱电综合桥架 100×100 3950
XH-消火栓管 DN150 H+4000
LQH-冷却水回水管 DN125 H+3750
ZP-自喷灭火给水管 DN25 H+3900
LQG-冷却水供水管 DN125 H+3750
F-废水管 DN50 H+3570

ZY-加压送风管500mm×1000mm BL2420
ZY-加压送风管630mm×320mm BL3140
PY-消防排烟风管630mm×320mm BL2420

2350

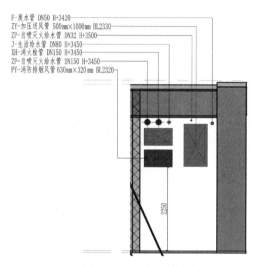

F-废水管 DN50 H+3420
ZY-加压送风管 500mm×1000mm BL2330
ZP-自喷灭火给水管 DN32 H+3500
J-生活给水管 DN80 H+3450
XH-消火栓管 DN150 H+3450
ZP-自喷灭火给水管 DN150 H+3450
PY-消防排烟风管 630mm×320mm BL2320

2250

图 8.19　避难层管线优化前

7. 全过程施工顺序模拟应用

本项目全过程施工顺序模拟共有八个步骤,如图 8.21 所示,具体如下:

（1）地下室结构钢柱构件施工;

（2）地下室施工完成,核心筒施工至 6 层;

（3）拆除 1 号塔式起重机,安装 3 号、4 号爬塔,斜交网格钢筒施工;

（4）搭设胎架,安装悬挑桁架,斜交网格结构施工至 11 层,核心筒施工至 15 层;

（5）搭设胎架,安装第 2 道桁架层,斜交网格结构施工至 19 层,核心筒施工至 23 层;

（6）核心筒封顶,斜交网格结构施工至 41 层;

（7）第 3 道桁架层施工完成,主体结构封顶;

（8）安装塔冠天线,钢结构施工完成,后续进行塔式起重机拆除。

8. 智慧工地应用

1）检到位系统

塔式起重机和电梯机械设备均统一安装检到位系统(图 8.22),能有效保证机械维保检查人员在每次的维保过程中,检测到每一个点位,保证维保的真实性和有效性,同时为大型机械设备排除安全隐患,大大降低了工地安全隐患的发生。

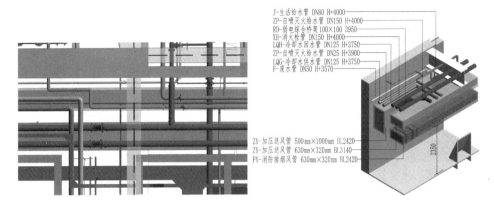

J-生活给水管 DN80 H+4000
ZP-自喷灭火给水管 DN150 H+4000
RD-弱电综合桥架 100×100 3950
XH-消火栓管 DN150 H+4000
LQH-冷却水回水管 DN125 H+3750
ZP-自喷灭火给水管 DN25 H+3900
LQG-冷却水供水管 DN125 H+3750
F-废水管 DN50 H+3570

ZY-加压送风管 500mm×1000mm BL2420
ZY-加压送风管 630mm×320mm BL3140
PY-消防排烟风管 630mm×320mm BL2420

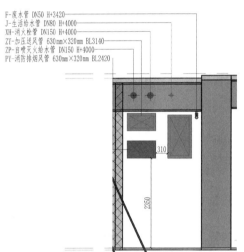

F-废水管 DN50 H+3420
J-生活给水管 DN80 H+4000
XH-消火栓管 DN150 H+4000
ZY-加压送风管 630mm×320mm BL3140
ZP-自喷灭火给水管 DN150 H+4000
PY-消防排烟风管 630mm×320mm BL2420

图 8.20　避难层管线优化后

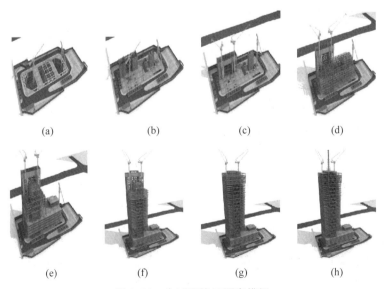

(a)　　　　　　　(b)　　　　　　　(c)　　　　　　　(d)

(e)　　　　　　　(f)　　　　　　　(g)　　　　　　　(h)

图 8.21　全过程施工顺序模拟

图 8.22　检到位系统

2）全景监控监督管理

现场实行布置全景监控摄像头（图 8.23），能有效通过监控实时监督现场人员和作业的动态，若发现现场人员违规操作，监控人员可以及时提醒，避免安全事故发生；塔式起重机安装黑匣子智能管理系统，对塔式起重机的数据实时传输，实时关注数据异常，及时发现隐患并维修，提高塔式起重机的使用效率，保证大型机械设备的安全运行。发生事故后，该监控影像可作为判定依据。

3）安全 APP 使用

项目通过中国建筑安全 APP（图 8.24），在线上发起带班检查、日常检查、周检查和专项检查，并将隐患下发给相关责任人整改，如果在限定的期限内没有整改，系统将再次提醒责任人；项目人员可以在线学习安全知识和时事新闻，提高个人的安全责任意识和应急处理能力；进行危大工程作业监督，保证高质量完成重点工程节点；线上记录安全日志，确保安全责任到人，安全记录可追溯等。

图 8.23　全景监控画面及监控系统

图 8.24　中国建筑安全 APP 界面

8.2 天健天骄工程案例

8.2.1 工程概况

天健天骄项目位于深圳市福田区中部、莲花路与景田路交汇处西南侧,含住宅、商业、公共配套设施;由 7 栋单体组成,用地面积 31787.4m²,总建筑面积 302842m²。其中 C 座、D 座为装配式建筑施工,7 栋均为超高层建筑,其中 C 座建筑高 155.9m,如图 8.25 所示。

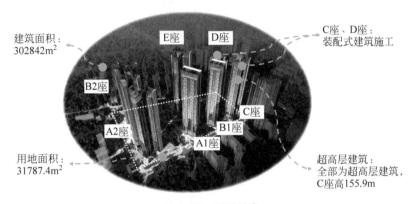

图 8.25 项目示意

8.2.2 建造智能化管理技术体系

1. 智能建造管理技术体系硬件及软件基础

硬件体系包括台式工作站、移动工作站、移动手机、九象安全教育魔盒、LED 智慧屏、无人机等;软件体系包括 BIM、Revit、3DMax、Navisworks、Cinema4D、Lumion、智慧工地平台等。

2. 智能建造技术体系应用场景

实现本项目全流程智能建造管理的技术场景主要包括管线综合深化应用、铝模节点深化应用、三维地质模型应用、三维场地布置应用、智能排砖应用等共 10 个部分。通过管线综合深化,可避免现场返工,节省工程成本,提升工程进度;通过对铝模节点深化,提高交底效率及效果;通过建立三维地质模型,便于土层体积统计、土质分析及溶洞预判、桩长及入岩预判;通过建立三维场地模型,为现场临建布置提供决策依据,使场地布置更具科学性和逻辑性;通过对装配式构件建模及安装工序推演,指导现场工人施工,提高施工效率,避免返工重做;通过 BIM5D 进行二次砌体排布,输出砌筑量材料表,指导现场采购及搬运。在建筑施工中,通过深化设计图纸指导现场施工,更合理地优化设计图纸内容,尽可能地避免施工过程中的返工现象,真正实现从技术上对工程质量的预控及从材料上对工程成本的预控。

8.2.3 建造智能化管理技术应用

1. 管线综合深化应用

1）管线综合优化流程

该流程从管线综合初步调整到图纸下发与现场施工执行,经过两次协调会,每次均综合考虑甲方和设计院的优化意见。最后的一次管线综合出图前需甲方、设计院及分包方共同确认无误后方可将图纸下发并现场施工。此举有益于将问题在图纸阶段提前曝光并解决,减少边施工边修改图纸的次数,加快施工进度,具体如图 8.26 所示。

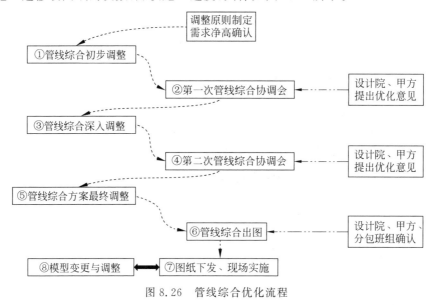

图 8.26 管线综合优化流程

2）地下室管线综合深化应用实例

现场施工组收到管线综合图纸后,进行管件下料、制作、安装,最后经过现场复核、对比,结果显示:模型和现场对应(图 8.27)比例达 95% 以上,充分表明 BIM 模型对实际施工起到关键的指导性作用。

3）净高优化实例

设计中常存在一些难以发现的隐秘角落,即使是再细心的常规图纸审核也是无法发现的,但是通过 BIM 技术深化应用,能够快速发现问题并优化设计。如图 8.28 所示,该处原有的设计中存在风道夹层,导致此处净高偏低,通过 BIM 技术深化应用去除风道夹层后,净高从1757mm 提升至 2225mm;另有一处就是通过管道改线,净高从 1975mm 提升至 2180mm。

2. 铝合金模板节点深化应用

铝合金模板具有周转次数多、拼装流程易掌握、拼装精确度高、混凝土面平滑、拆模时间早、零废料、可回收利用等特点,被广泛应用于高层住宅建筑中。但铝合金模板体系存在如前期一次性投入相对较大、现场设计变更不宜过大、二维图纸难以表述复杂节点、工程量统计烦琐等问题。因此,针对户型特点提前做铝合金模板节点深化,避免出现大的设计变更。本项目创建结构节点 2 个、建筑节点 9 个、机电节点 8 个,共计 19 个。

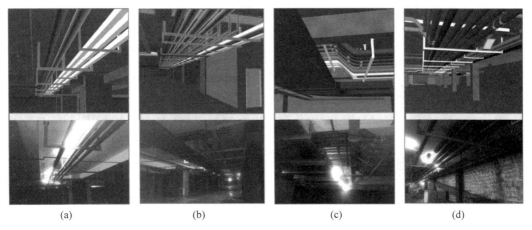

图 8.27　管线综合应用

(a) 负三层 3~9 轴交 B~C 轴车道；(b) 负二层 3~9 轴交 B~C 轴车道；(c) 负二层 5~6 轴交 B~C 轴
风机房外管线交叉处；(d) 负一层 6a~10a 轴交 Fa~Ga 轴车道

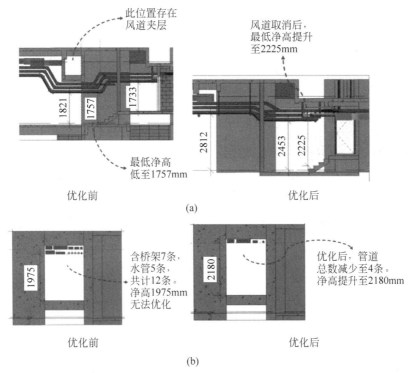

图 8.28　净高优化应用

(a) 风道夹层优化；(b) 管道数量优化

3. 三维地质模型应用

1) 土层体积统计

Revit 常规模型拥有各土层体积参数(图 8.29)，便于统计各地质层工程量(如淤泥质土量
为 3831.46m³)，对开挖成本核算具有重要的参考价值。同时可实时、任意视角地查看地下室
结构构件与不同深度土层之间的关系，快速查看土层属性信息，起到指导设计、施工的作用。

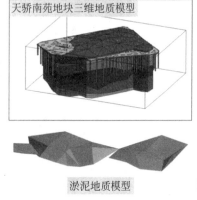

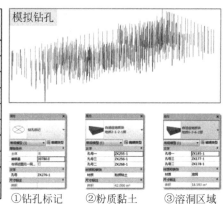

彩图 8.29

序号	地质	体积/m³
1	微风化混合岩	45466.91
2	中风化混合岩	12200.84
3	强风化混合岩	110445.95
4	全风化混合岩	90880.09
5	砂质黏性土	88754.16
6	粉质黏土	24470.7
7	淤泥质土	3831.46
8	中砂	1819.13
9	细砂	3836.65
10	素填土	41613.65

①钻孔标记　②粉质黏土　③溶洞区域

图 8.29　土层体积统计 Revit 常规模型

2）土质分析及溶洞预判

岩溶发育区桩基础施工风险高,成本不可控,而传统的岩土工程勘察成果不能反映溶洞的分布规律和连通情况。因此,对于前期未详细勘探的桩位,可利用三维地质模型(图 8.30)与桩基模型结合,提前知晓桩基施工中可能遇到的土质问题,有利于把控项目风险,提前想好问题的解决方法。建立三维地质信息模型,实现溶洞的可视化,对岩溶区桩基础的施工起到较好的指导作用。

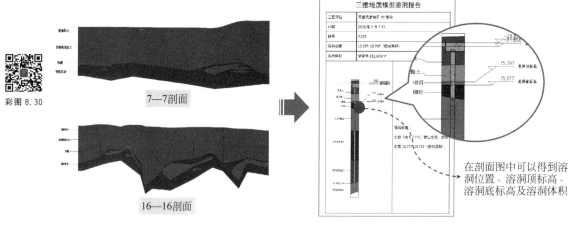

彩图 8.30

在剖面图中可以得到溶洞位置、溶洞顶标高、溶洞底标高及溶洞体积

图 8.30　三维地质模型

3）桩长及入岩预判

三维地质模型报告与设计桩长进行对比,本项目中有的桩设计长度为 11.30m,但是通过三维地质模型得出的桩长为 14.83m,实际施工上旋挖机得出的桩长为 14.80m,因此从最终成桩结果来看更加准确,三维地质模型中给出的桩长更符合现场实际情况,如图 8.31 所示。

4.三维场地布置应用

1）临建设施深化

与传统的施工场地布置相比,施工场地可视化布置可以采用虚拟施工的方法,先试后建、先分析后优化,为工程的顺利开工提供充足的保证。施工单位通过建立三维动态模型

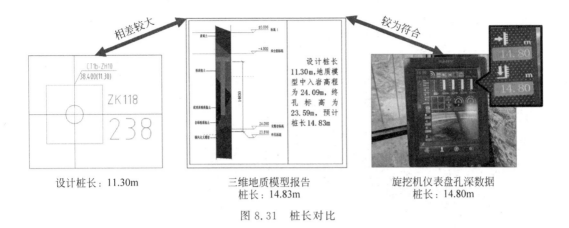

设计桩长：11.30m　　三维地质模型报告　桩长：14.83m　　旋挖机仪表盘孔深数据　桩长：14.80m

图 8.31　桩长对比

（图 8.32），能在开工前实现场地的合理布置，更好地控制施工进度、施工成本，保证施工安全。三维动态模型能真实地反映现场临建设施最终效果，为项目场地布置决策提供帮助。

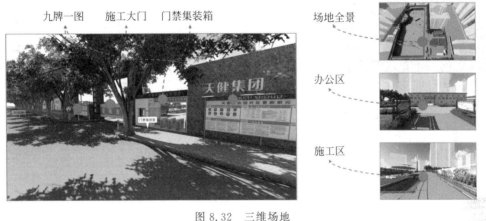

图 8.32　三维场地

2）钢筋加工棚拼装深化

对预拼装式钢筋加工棚进行深化并出图，方便提前确定每个型材模块尺寸，用于指导工人现场安装。该深化出图不仅包含传统的平、立、剖面图，还有三维模型和动态演示，如图 8.33 所示。

5. 智能排砖应用

利用软件进行一键排砖，导出排砖图及砌体需用表（图 8.34），以软件的高效率代替人为烦琐的流程，简化流程，大大减少技术员工作量，提高了工作效率。同时能够极大地减少材料的浪费，最大化利用每一块砖，有效地控制了项目成本。

6. 模型整合及轻量化处理应用

通过 BIM5D 平台，将多种模型集成到一起，进行轻量化处理，达到高效、便捷、智能化管理的目的。本项目通过 BIM5D 平台集合了地质模型、场地模型、桩基模型、机电模型、地下室模型和塔楼模型等，如图 8.35 所示。

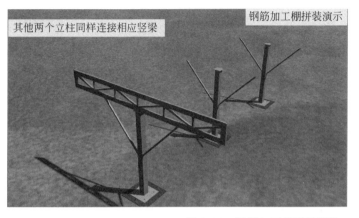

图 8.33　钢筋加工棚拼装深化

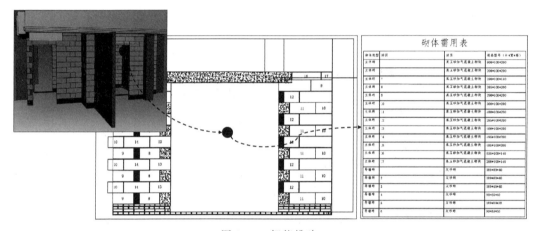

图 8.34　智能排砖

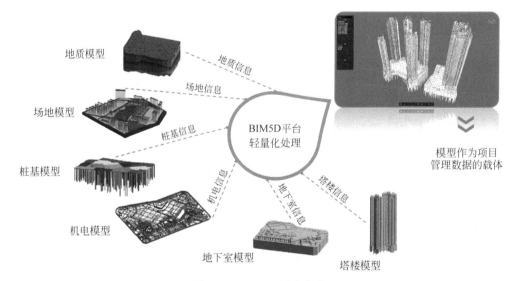

图 8.35　BIM5D 平台集成

7. BIM5D 桩基施工管理应用

根据报表需求项、管控点需求项,在模型中添加已有的桩号、区域、中风化岩面深度、微风化岩面深度、设计桩顶标高、入持力层深度等属性字段,如图 8.36 所示。

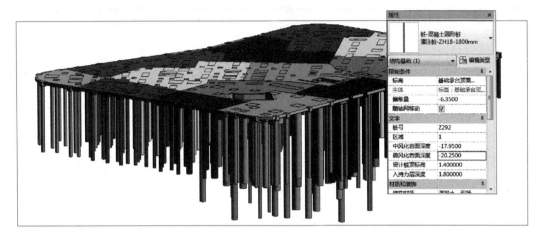

图 8.36　BIM5D 桩基

对于现场实地采集的桩基数据,根据不同阶段对应不同的管理方式,如图 8.37 所示。计划阶段,多部门共同协作制定桩基跟踪流程;准备阶段,由 BIM 中心使用 BIM5D 软件录入相应流程;应用阶段,由项目施工员进行 APP 数据录入。

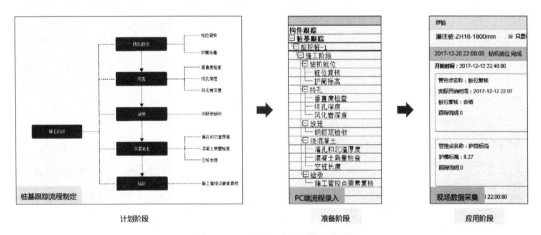

图 8.37　BIM5D 桩基管理流程

桩基数据的汇总及导出主要来自 Revit 模型抓取,部分来自现场 APP 录入,如图 8.38 所示。以上两部分共同组成包含省统表各项数据的统计表格,这样可以减少资料员数据采集的工作量。

数据整合后可以对桩基的整体施工形象进行展示,如图 8.39 所示。管理者可以通过 BIM5D 网页端清晰直观了解现场桩基施工进度、模型构件基本信息以及跟踪控制数据,并且可以根据施工现场的情况实时更正施工计划并拟定下一步的计划。

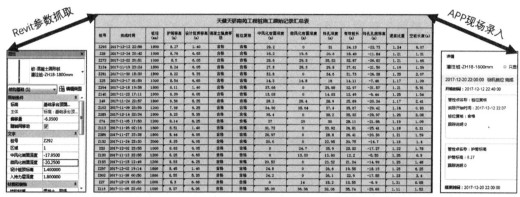

图 8.38　BIM5D 桩基数据汇总

彩图 8.39

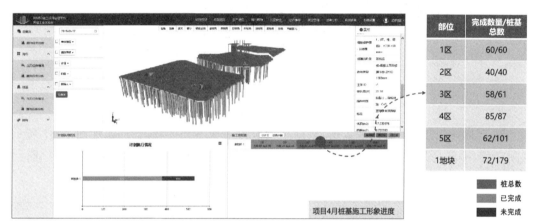

图 8.39　BIM5D 桩基进度总览

8. BIM5D 安全智能化管理应用

实施安全闭环管理,整个闭环管理包括从发现问题到整改完成后的及时反馈,如图 8.40 所示。项目前期,制定安全管理实施方案,并制定相应实施流程及确定责任人。

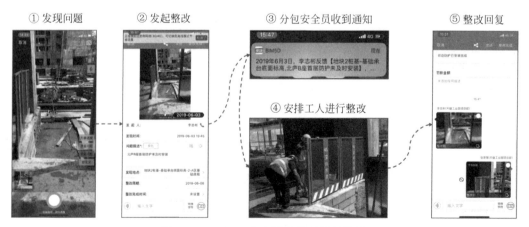

图 8.40　BIM5D 安全智能管理闭环流程

安全数据统计全部实现数字化和智能化管理,所有安全隐患及整改方式、整改进度等在系统上一目了然,如图 8.41 所示。对于临近整改时间或超时未整改的安全问题,系统及时提醒管理者并同步发送给责任人。整改后及时在系统上反馈,待相关人员审核通过后可以及时消除隐患。若整改不合格,审核人员可向责任人发送下一步整改方法并限时整改。

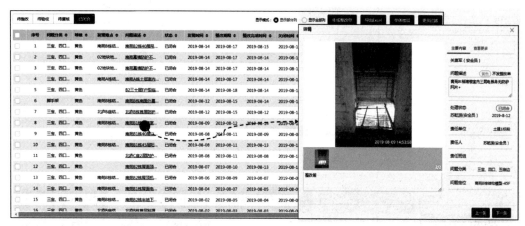

图 8.41　BIM5D 安全隐患整改情况

例如,每月通过安全数据分析,可以清晰地发现安全隐患的类型、分布区域及隐患等级等。本项目某年 7 月"三宝""四口""五临边"安全隐患共 55 个、北区分包安全隐患 48 个、黄色等级安全隐患 96 个,如图 8.42 所示。通过分析,着重提醒项目部应对以上三类问题重点整治。

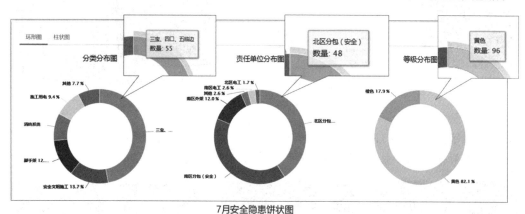

图 8.42　BIM5D 安全隐患分类

基于发现的安全隐患,项目部可以选择性输出报表,支持输出周检、月检、施工安全日记三种报表格式(图 8.43),此举可为项目管理人员减负。

9. BIM5D 生产智能化管理应用

实际管理中,施工管理部门将本周(本月或者本项目)要跟踪的生产进度任务发送给施工员,施工员根据现场实际情况进行数据填报,然后返回系统,管理部门根据不同进度安排,可快速了解每个生产任务当下状态,以便项目管控生产进度,如图 8.44 所示。

图 8.43　BIM5D 安全报表格式

图 8.44　BIM5D 生产智能化管理流程

运用数字技术进行项目进度报告周更、劳动力统计、安全问题报告等,如图 8.45 所示。同时将以上数据与项目生产周期实际进度同步,直观且迅捷地反映问题。

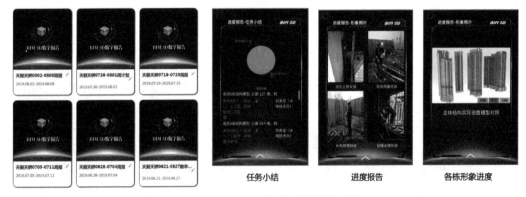

图 8.45　BIM5D 项目进度统计与对比

10. 智慧工地平台集成应用

该平台集成了六大模块内容,包括项目概况、BIM 生产、安全管理、数字工地、劳务分析、绿色施工。该平台可在 PC 端及手机移动端使用,其主页面如图 8.46、图 8.47 所示。

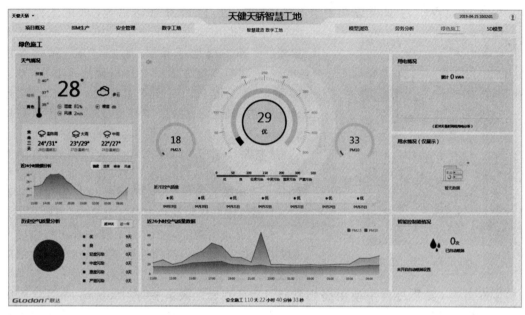

图 8.46　智慧工地平台 PC 端主页面

项目概况模块整合项目各部分具体状态,包括工艺工法视频、项目进度、人员管理、环境监测等;BIM 生产部分集合形象进度、天气预警、生产任务统计、项目里程碑、劳动力统计等内容;安全管理模块可对项目安全问题进行归集、分类,方便管理者分析问题,针对性提出问题的解决方案;数字工地集成视频监控系统、塔式起重机防碰撞系统、发射信号处理系统,可实现对现场异常情况进行实时预警;劳务分析模块有智能安全帽及闸机系统采集数据,实时反映项目当前人员考勤情况及人员属性、分布情况;绿色施工模块数据采集自 TSP 环境监测系统,包含天气情况、空气质量分布情况、施工建议等内容,并根据现场天气情况和空气质量分布,给出当前最优施工建议。

图 8.47　智慧工地平台手机端主页面

8.3 安邦财险深圳总部大厦案例

8.3.1 工程概况

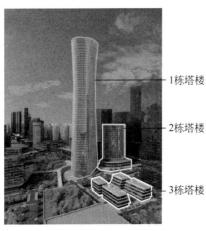

图 8.48 项目效果图

安邦财险深圳总部大厦项目位于深圳市南山区后海总部基地,总建筑面积为 217216m²,总用地面积 12803m²,包含三栋塔楼和裙楼。1 栋塔楼地下 5 层,地上 59 层,结构高度 260.9m,建筑高度 273m;2 栋塔楼地下 5 层,地上 19 层,结构高度 92.1m,建筑高度 99.6m;3 栋塔楼地下 5 层,地上 4 层,结构高度 17.9m,建筑高度 20.4m(图 8.48)。

2 栋塔楼裙房横跨逸湖六街与 1 栋塔楼在地上 2 层连桥相连,形成统一的大型综合体。3 栋塔楼与 1 栋、2 栋相隔一条中心路,整个项目紧邻深圳湾口岸。1 栋塔楼形体中部收缩设计,标准层为椭圆形。

本工程总用钢量为 2.3 万 t,集中在 1 栋塔楼及 2 栋裙楼连桥区域。钢构件数量约 1.2 万件,钢筋桁架楼承板 11.5 万 m²,防火涂料 11 万 m²,现场用栓钉 120 万套,安装过程中使用高强螺栓 11.6 万套。最大板厚 100mm,所用材质为 Q345B、Q345GJB、Q355B、Q390GJB、Q390GJC、Q420GJC。钢结构按照功能划分为地下室结构、核心筒结构、标准层结构、环带-转换桁架、拉索幕墙、消防车道上方下挂钢梁结构、屋顶幕墙钢结构、2 栋塔楼裙楼连桥雨篷钢结构共 8 个单元(图 8.49~图 8.57)。

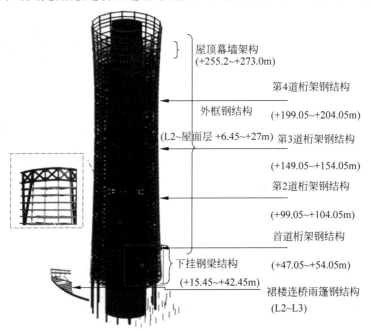

屋顶幕墙架构
(+255.2~+273.0m)

第 4 道桁架钢结构

外框钢结构 (+199.05~+204.05m)

(L2~屋面层 +6.45~+27m) 第 3 道桁架钢结构

(+149.05~+154.05m)

第 2 道桁架钢结构

(+99.05~+104.05m)

首道桁架钢结构

(+47.05~+54.05m)

下挂钢梁结构
(+15.45~+42.45m)

裙楼连桥雨篷钢结构
(L2~L3)

图 8.49 钢结构分布整体效果

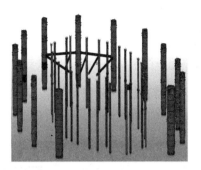

图 8.50 地下室钢结构

图 8.51 核心筒钢结构

图 8.52 标准层钢结构

图 8.53 环带-转换桁架

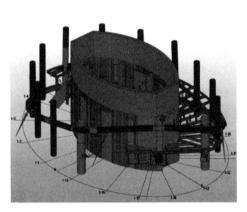

图 8.54 拉索幕墙

图 8.55 消防车道上方下挂钢梁结构

图 8.56 屋顶幕墙钢结构

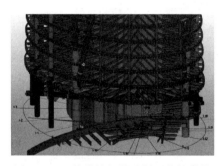

图 8.57 2栋塔楼裙楼连桥雨篷钢结构

8.3.2   建造智能化管理技术体系

1. 智能建造管理技术体系硬件及软件基础

硬件体系包括 RTK 无人机、专业工作站、移动工作站、高性能平板电脑移动端、MR 和 AR 眼镜等；软件体系包括 BIM、Revit 2020、Navisworks、3DMax 2020、MagiCAD、智慧管理平台等（图 8.58）。

图 8.58   软硬件配置

2. 智能建造技术体系应用场景

本项目智能建造管理的技术体系应用场景主要围绕钢结构施工技术展开，包括钢结构施工方案三维优化对比应用、可视化施工顺序模拟应用、钢结构复杂节点深化设计应用、超长旋转拉索幕墙箱型梁精确放样应用、钢构件精确查询技术应用、超复杂节点模拟预拼装技术应用、结构变形智能监测技术应用、BIM＋智慧工地数据决策系统应用。

8.3.3   建造智能化管理技术应用

1. 钢结构施工方案三维优化对比应用

根据下挂钢结构梁柱布置特点共策划 2 个方案，通过 BIM 三维模型可以直观对比 2 个方案的优劣：

方案一：设置临时支撑胎架对 4 根吊柱进行支撑，梁板结构可按照由下至上施工顺序正序施工，符合常规施工方案，能最大化减少 4 处钢梁分段（图 8.59）；

方案二：考虑吊柱的受力特点，采用倒置式施工，即优先施工分叉巨柱及非下挂区域至首道环带桁架对接完成。下挂区域采用逐层整体提升，同时桁架上部结构同步施工。多处钢梁需要打断后才能提升，且两侧吊柱与斜柱之间钢梁需要手拉葫芦等土法安装，安装费时费力（图 8.60）。

综合考虑安全、质量、施工难度等因素，工程采用方案一施工。

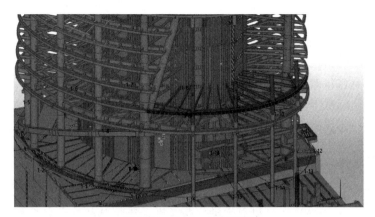

图 8.59　方案一施工图示

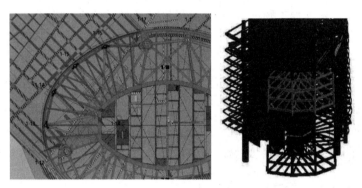

图 8.60　方案二施工图示

2. 钢结构可视化施工顺序模拟应用

钢结构可视化施工模拟共分为 6 步(图 8.61):

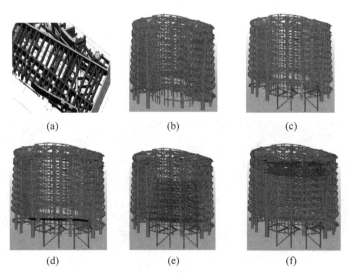

图 8.61　钢结构可视化施工顺序

(a) 第 1 步;(b) 第 2 步;(c) 第 3 步;(d) 第 4 步;(e) 第 5 步;(f) 第 6 步

（1）对应临时支撑胎架立柱设置混凝土梁且预埋地脚螺栓；

（2）安装塔楼外框钢结构；

（3）安装临时支撑胎架；

（4）安装下挂区拉索幕墙钢构件；

（5）安装 4～10 层下挂钢梁结构；

（6）安装首道环带转换桁架。

3. 钢结构复杂节点深化设计应用

超重超大的分叉巨柱，单个节点跨越 3 层结构。考虑吊重、运输和焊接等因素，需对超大巨柱进行合理分段。BIM 模型可清晰直观地分析焊缝应力容易集中区域，通过模拟不同分段方式，综合考虑确定最佳焊缝位置。同时在 BIM 模型上预留便于后期补洞的焊接过人孔（图 8.62），再导出精准加工图纸，确保人员焊接时必要洞口预留准确。

将较为复杂的施工节点进行优化，形成局部的三维模型。可以校核图纸是否有问题，是否有直接的碰撞冲突，也可以校核施工空间；同时，可以将不同方案的设想形成不同模型，直观对比，并在方案最终确定后用于节点交底，结合三维模型讲解，对施工注意事项、施工工序讲解。

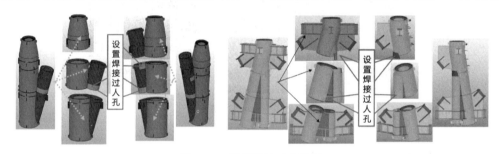

图 8.62　预留焊接过人孔洞

4. 超长旋转拉索幕墙箱型梁精确放样应用

由于超长旋转拉锁幕墙箱型梁跨越 L1～L3 层结构外框，与外侧幕墙钢梁及裙楼钢梁均存在交叉冲突点，通过模型对钢梁转弯、冲突节点及每个与外框钢柱连接的节点进行深化（图 8.63），确保曲梁的流畅性，重新对钢梁进行分段，利用模型确定每段的梁顶标高，便于现场准确施工。

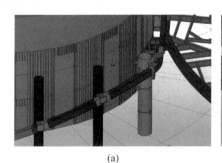 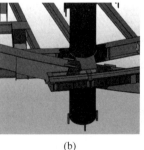 

(a)　　　　　　　　　　(b)　　　　　　　　　　(c)

图 8.63　节点深化

（a）框柱连接节点及曲梁转弯节点深化；（b）曲梁与外幕墙钢梁交叉节点深化；（c）曲梁转弯处与钢柱连接节点深化

5. 钢构件精确查询技术应用

BIM 模型可对加工厂及安装现场工作进行技术支持,同时能够快速查询到构件编号、现场安装及加工所需的螺栓布置、螺栓重量、螺栓规格、构件安装标高、构件重量、构件重心、构件尺寸、材料截面、构件零件清单等详细信息(图 8.64),实现快速、高效地解决施工过程中的技术问题,节省施工人员大量的技术信息查询时间,缩短项目周期。

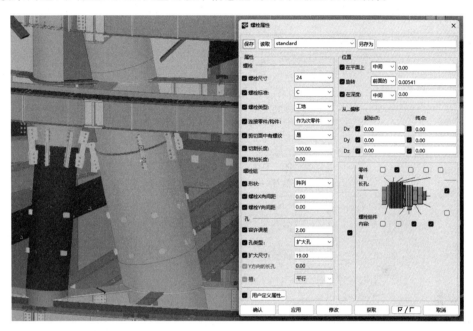

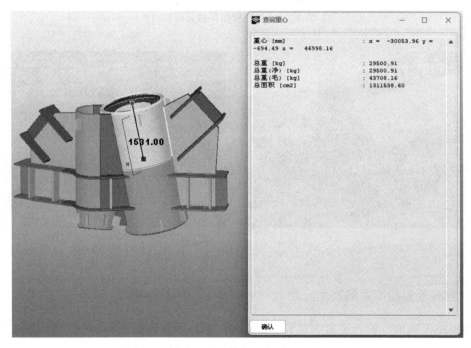

图 8.64　信息查询界面

6. 超复杂节点模拟预拼装技术应用

针对首道环带转换桁架进行第一组预拼装(图8.65),1-12～1-14轴的首道环带转换桁架进行第2组预拼装,此部分首道环带转换桁架在工厂采用实体预拼装(图8.66),加工厂的其他跨和其他道桁架通过三维扫描仪对接口控制点进行数据采集及分析纠偏,减少误差,保证现场钢桁架顺利安装。

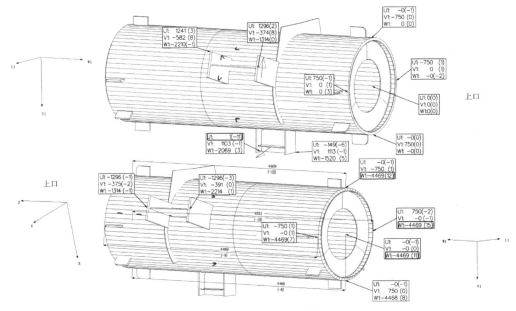

图8.65　三维模拟预拼装模拟

图8.66　加工厂预拼装

7. 结构变形智能监测技术应用

根据施工模拟分析确定监测点位布设(图8.67),下挂区钢结构卸载前后需要进行位移和应力监测。本项目监测点布置位置有:桁架层上下弦及腹杆(图8.68),L10层吊柱

（图8.69），L4层吊柱（图8.70），同时监测数据可根据需求调整更新频率，监测数据实时反映至平台。还可通过手机端进行监控。项目实测位移最大点为S2点，下挠3mm，满足要求。

图8.67 应力应变及位移沉降布设照片

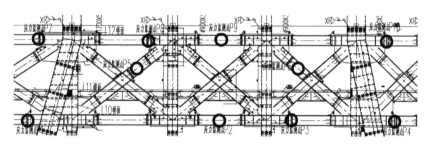

图8.68 桁架层上下弦及腹杆应力监测点布置

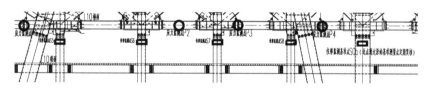

图8.69 L10层吊柱位移监测点及位移监测基准点布置

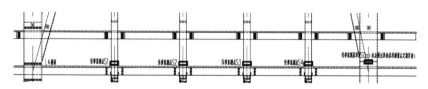

图8.70 L4层吊柱位移监测点及位移监测基准点布置

8. BIM＋智慧工地数据决策系统应用

项目采用BIM＋智慧工地数据决策系统（图8.71），结合软件、硬件，实现了建筑实体、生产要素、管理过程的全面数字化。该系统一共有10个模块的内容，包括项目概况、项目大脑、数字工地、BIM 指挥中心、劳务分析、智能监控、生产管理、技术管理、质量管理、安全管理。

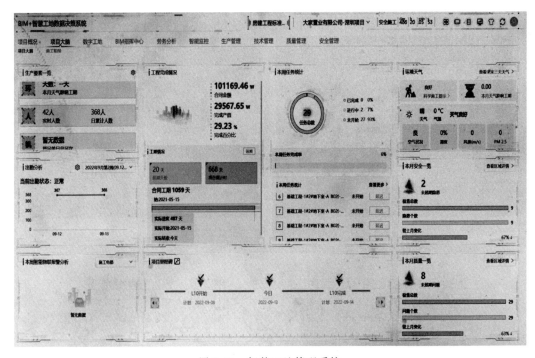

图 8.71　智慧工地管理系统

第9章

水利水电工程建造智能化管理应用

作为我国基础设施建设的重要组成部分,水利水电工程是国民经济发展的基础,是加快国民经济快速发展的关键因素。然而水利水电工程尤其是大型项目,面临投资规模大、技术相对复杂、施工周期较长等许多不确定因素,使得工程建设中易出现成本控制难、技术难、政策易变更等问题。

随着计算机技术、互联网技术、物联网技术的发展,以此为基础的智能化技术在水电工程建设,尤其在大型水利水电工程建设中表现出独特的优势,通过智能化技术,不仅解决了复杂约束下的协同调控问题,实现各维度的高效综合优化,有效解决了施工过程中遇到的关键性技术难题,提高工程效率与质量,而且通过该技术还能实时收集相关数据,为后续管理工作提供理论与技术手段支持,促进行业自动化、智能化发展。

9.1 金沙江水电工程案例

9.1.1 工程概况

金沙江水电工程是指从攀枝花到宜宾长 782km 的川滇之交的金沙江下游河段建设的乌东德、白鹤滩、溪洛渡、向家坝 4 座千万千瓦级的梯级巨型水电站(图 9.1~图 9.4)。这些水电站位于深山峡谷地区和高地震烈度区,水文、地质、地形条件复杂,具有 300m 级高拱坝、500m 级高边坡、8 级高地震烈度、近 50m/s 高流速及大泄量、大单机容量、大地下厂房洞室群的"四高三大"工程特点,多项单项技术指标位于世界前列,综合技术难度很大。

图 9.1 乌东德水电站

图 9.2 白鹤滩水电站

图 9.3   溪洛渡水电站

图 9.4   向家坝水电站

9.1.2   建造智能化管理技术体系

水电工程智能建造需要遵循"总体规划、分步实施"的开发理念,从全局角度、顶层设计来思考智能建造体系、系统结构、系统框架和实施计划,通过任务层层细化分解,保证设计、研发和试验、应用落实到位。水电工程智能建造的关键技术,第一是工程数据即大坝全景信息模型(DIM)的数据编码体系,第二是工程数据感知、传输及共享技术,第三是智能建造管理平台(如身份和访问管理(iDam))系统架构。

1. 工程数据编码体系

通过建立集水电工程结构分解编码与属性分类编码一体的数据编码标准体系,可实现跨工程、跨组织、跨专业、跨职能的工程数据共享、信息协同、绩效分析与对比。

工程结构分解编码以《水电工程设计概算编制规定(2013 年版)》、三峡集团水电工程项目概算代码《Q/CTG 93—2017》和标准化工序流程与专业管理表格为基础编制,采用线编码与面编码组合编码方式,总体分为工程代码、(扩大)单位工程、分部工程、分项工程、单元工程、工序六级编码。每级别编码之间采用"-"隔开,每级编码内部采用指定类型码+顺序码组合的方式编码。

工程数据属性编码面对基础、环境、过程、监测 4 种数据类型,分为 9 类,包括几何属性、位置属性、材料属性、阶段属性、合同属性、时间属性、数据类型、过程属性和来源属性。

2. 工程数据感知、传输及共享技术

iDam 以工程数据编码体系为基础,在工程建设全过程中获得工程数据,通过数据感知、数据传输和数据集成构成数据中心。工程数据的感知传输要处理好端、网、云的关系(图 9.5),开发相应的专项技术。感知采集端,如温度、应力、位置等数字传感器以及进行流程数据采集的移动终端,传感器要满足水电工程地下作业、边坡作业、坝面作业的不同精度需要;传输网建设要满足水电工地复杂环境下数据传输时间响应的要求,利用好公用网络,建设好专用网络;云平台即布置在云端的数据库及智能建造管理平台,实现异地多方协同实时工作。多项目建设单位一般布置远程系统,以满足多项目需求,同时为现场及异地用户提供数据及应用服务。

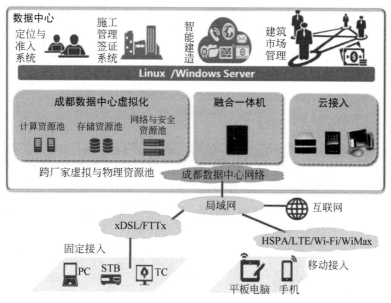

图 9.5　工程数据的端、网、云关系

注：STB-数字视频变换盒。

　　以工程数据编码体系为基础，同时制定规范统一的数据标准、数据模型、数据类型、数据接口和数据双向使用的频度，加上统一的用户认证接口和系统入口（portal）、统一消息推送机制和标准应用接口以及数据共享机制，保证工程数据的唯一性及其在全流程业务处理的一致性，实现智能管理平台内跨标段、跨流程、跨系统的数据产权界定，为工程建造活动的专业模块、管理模块、科研模块及绩效模块，提供在线、实时服务。产、学、研、用各方在平台上获取数据，也在生产数据，形成的阶段性成果和报告、使用的参数模型和网格等基础数据要与相应的工程数据编码匹配，进入智能建造管理平台，提供及时的工程服务（图 9.6）。

3. 智能建造管理平台 iDam 系统架构

　　该系统架构包括 STDPA（取的 sensor、transfer、data、platform、application 的首字母）平台系统架构和平台业务架构。STDPA 平台系统架构：基于 SARI 公共架构（service 服务、application 应用、resource 资源、in-frastructure 基础设施）设计，中国三峡智能建造管理平台 iDam 的系统架构由感知层 sensor、传输层 transfer、数据层 data、平台层 platform、应用层 application 以及系统集成接口组成，数据层与平台层是平台技术架构的核心。iDam 的 STDPA 五层系统架构见图 9.7。

　　平台业务架构：智能建造管理平台是业务集成系统，它以数据为基础，结合网络化与虚拟化技术形成，并以 BIM 技术、GIS 技术、物联网技术、人工智能技术、数值仿真技术、计算机视觉、智能视频识别技术及搜索引擎技术，作为技术支撑开展各类应用服务。根据水电工程建设业务特性，水电工程智能建造业务架构可归类为"五大业务体系"（图 9.8）。

　　施工全过程数字化管理体系，包括骨料生产、混凝土浇筑、混凝土温控、固结灌浆、帷幕灌浆、接缝灌浆、开挖支护和金属结构制作与安装（简称"金结制安"）等；工程技术服务数字化管理体系，包括试验检测、安全监测和工程测量等；管理流程数字化管理体系，包括质量验收、隐患排查、计量签证、资源管理和实物成本等；科研服务与生产一体化体系，包括全生

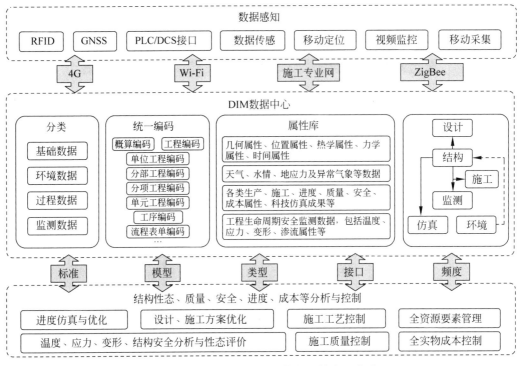

图 9.6 基于云平台的工程数据及其应用关系

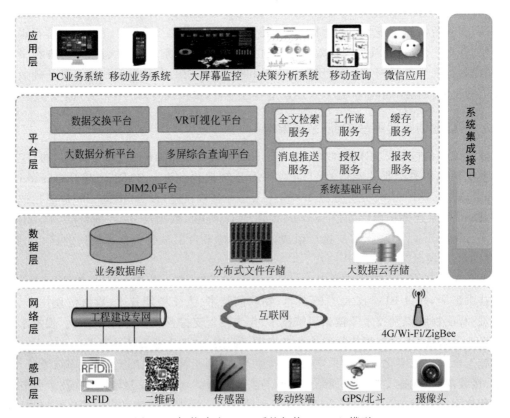

图 9.7 智能建造 iDam 系统架构 STDPA 模型

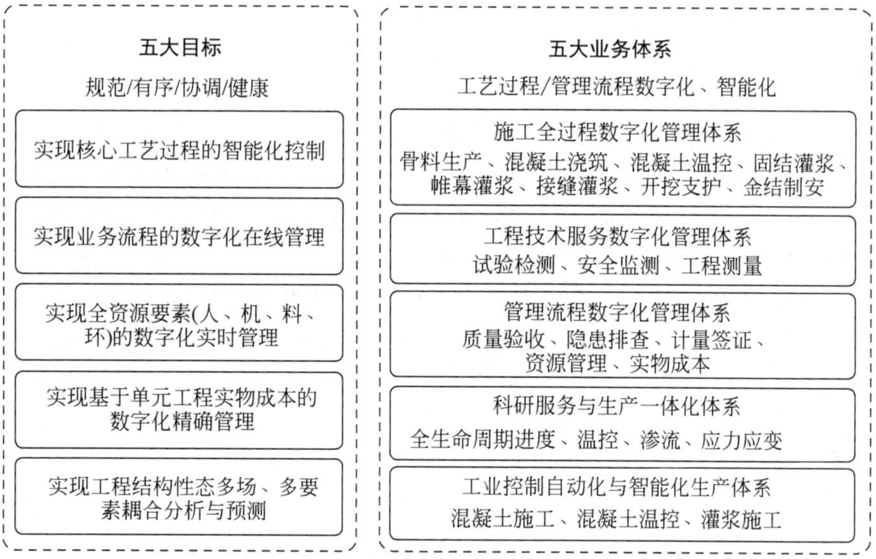

图 9.8 水电工程智能建造管理平台业务架构及业务内容

命周期进度、温控、渗流和应力应变等仿真分析预测；工业控制自动化与智能化生产体系，聚焦核心工艺过程，包括混凝土施工的砂石骨料生产、混凝土拌和、缆机运输、运输调度、平仓振捣和碾压施工等；混凝土温控的骨料预冷、拌和楼出机口温度、浇筑温度、通水冷却和喷雾保温等；灌浆施工的制浆、送浆、配浆、灌浆压力和流量控制等工艺过程，研发工艺过程智能控制成套装备，达到施工全过程在线采集、后台处理、智能操作、预警控制的生产管控模式。

9.1.3 建造智能化管理技术应用

1. 水电工程大坝全景信息模型（DIM）

这个模型既是工程建造活动的出发点，也是建造的结果。基于统一编码体系、编码规则，对设计成果进行整理、转换和矢量化，来构建水电工程三维结构模型，如随工程进展不断深化，形成大坝整坝、分坝段、分坝块的工程结构模型及单元深化设计模型，最终细化到混凝土坯层、每根钢筋、冷却水管与止水片等；基于 GIS，形成工程场址三维工程原始地形地貌；基于工程规划和设计各阶段的地质探洞、钻孔、地质调查和力学试验等各方面的地质勘察成果，构建工程场址的三维工程地质模型，包括工程物探钻孔信息与试验数据、地形、地层、岩性、结构面等三维地质建模成果及基础岩体的热学、力学参数信息等；把三维结构、地形、地质模型叠加构成工程三维全景模型。以三维全景模型为基本信息载体，加载专业、时间、特性、属性等多维度定性定量信息，并动态融合基础数据、环境数据、过程数据、监测数据，集成技术标准与规范、施工过程、资源投入、试验检测、质检信息、实物成本、监测资料、文档资料及多媒体信息，形成基于最小单元信息模型的 DIM 数据中心。这个模型展现了工程初始设计状态、建设过程动态发展状态和建成后的竣工状态，可以满足工程建设精准工程量计算与实物成本计量、进度仿真与结构数值分析、监测物理场拟合以及建设期 4D 模拟与形象展示等应用需求,反映了数字工程向实体工程的转变过程,形成数据资产。

2. 资源要素流动管理技术

资源要素包括人、设备、材料等,以综合定位技术为基础,面向作业人员达标准入与人员、设备行为状态安全,研发可穿戴式、便携式和车载式定位终端等,实现建设过程作业人员与物资设备等资源要素的准入管理和行动轨迹分析。通过位置信息的时空分布规律以及时长与消耗规律,实现人员和设备行为的智能识别,动态判断人员履职履责行为或设备运行状态违规与否。通过资源流动的实时动态精准管理,在合法性、合规性以及工程建设活动业务资格资质与工点岗位的匹配性上,消除人、机、料、法、环的变化带来的不确定性,消除隐患,保证施工安全。

3. 业务流程数字化管理技术

以规范化、格式化、标准化业务流程及其表格系统、定位技术和移动互联为基础,面向单元工程质量验收和安全隐患排查治理,借助移动端如手机、PAD 和定位技术进行实时在线动态管理,实现业务流程和管理程序的"实时、实地、实人、实据、实物"管控,确保现场一线管理活动记录和资料的完整性、真实性、有效性、可追溯性,提高流程的过程质量和履约能力。

4. 工艺过程智能化控制技术

以施工工艺过程精细管理为主线,对施工过程(如基坑开挖、混凝土浇筑、混凝土温控、固结灌浆、帷幕灌浆、金属结构制作与安装、接缝灌浆、回填灌浆、接触灌浆等)和技术服务(如试验检测、安全监测、测量管理等)的各工序数据进行全面采集、集成分析与展示应用,并实现关键工艺过程如混凝土通水冷却过程、水泥灌浆工艺过程的智能控制,实现业务链、各工序一条龙的智能优化分析,从而对其中某一环节进行调控,增强工艺过程的控制能力。

5. 实物成本定量化控制技术

以单元工程或工序为研究对象,采用移动互联、GPS/北斗定位和数据集成等技术,对人工投入及其时效,对材料设备等的实物直接投入,以及资源要素的过程变化,进行实时实地量化管理,实现时空环境下人力资源、设备动态、物资运输的在线实时动态调度和交互管理,通过定制式的单元工程,如混凝土仓号的备仓、浇筑和养护的全过程管理,结合单元实物工程量和建设过程单仓/各工序资源消耗量,最终达到资源消耗优化、成本分析优化的协同管理,消除浪费,降低成本。

6. 结构安全与工程进度耦合仿真分析

在确保结构安全的基础上,通过分析、预测、对比、调控,实现环境场、温度场、应力场以及不同施工进度方案的优化,在结构安全、资源配置和建设目标之间找到可靠、经济、安全的建设计划。例如,高拱坝智能化建设,要研究全坝全过程工作性态仿真分析方法、多维约束条件下进度耦合分析技术、浇筑形态控制策略,开展多场耦合进度的工作性态跟踪仿真,分析坝体浇筑过程、灌浆前后、蓄水前后、水位抬升前后坝体-基础变形和应力、应变、渗流等调整过程,实时、在线精确掌握坝体-基础的运行状态和变化规律,并对工程短期、中期和长期工作性态进行预测,与同类工程进行对比,进而采取针对性的调控措施。

7. 智能建造管理平台(iDam)

水电工程智能建造技术体系集中体现在智能建造管理平台(iDam)以及集成在其中的工程建设数字化和智能化技术。iDam 是一个产、学、研、用集成协同的共享工作平台,其业务模块与协同工作关系如图 9.9 所示。iDam2.0 在溪洛渡拱坝智能化平台 iDam1.0 的基础上进行了全面的架构与技术升级,其中核心业务模块在混凝土施工、固结灌浆、接缝灌浆等基础上,扩展了单元质量验收、试验检测及开挖支护等;对关键工艺过程实现智能控制,内嵌仿真分析等专业软件,实现与生产紧密结合的科研技术体系,满足水电工程全专业、全过程的数字化、智能化管理要求。iDam 实现了生产、科研、设计跨单位、跨组织、跨标段的一体化协同工作,解决了建设过程多阶段、多专业、多履约主体的流程、工艺和绩效管理问题。其提供的数字化、智能化技术及其解决方案,实现了核心工艺过程的智能调控,通过单项目与多项目工程数据的智能分析来实现管理增值,体现了智能建造管理理论、管理内容、管理方法及其管理目标的统一。

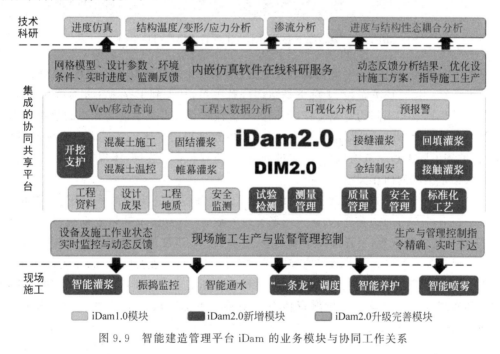

图 9.9　智能建造管理平台 iDam 的业务模块与协同工作关系

8. 智能建造门户

水电工程智能建造门户集中体现了智能建造技术体系组成及智能建造管理理论和逻辑关系,组成如图 9.10 所示。

中间部分即 A 区包含了三方面内容,核心部位是其智能管理闭环控制理论及其数据中心 DIM 和管理平台 iDam 的集成模型,体现了"全面感知、真实分析、实时控制"智能控制管理及全生命周期、多工程项目的管理理念;i-工程主要反映智能建造管理平台当前管理的工程名称,面向多项目管理;i-绩效主要体现在单项目管理绩效以及多工程项目的分析评价。

图 9.10   金沙江下游大型水电工程智能建造门户架构

左侧 B 区是 i-建筑物、i-专业流程、i-工艺过程,从三个层面来展现工程建筑物的结构关系和技术活动。这三层关系,从上到下是结构分解关系,从下到上是施工集成关系,不同的工序工艺过程构成了不同的专业流程,不同的专业流程组合形成了需要建造的建筑物,智能建造的技术核心落脚在建造活动的基本单元,即单元工程的工序工艺。面向大坝、厂房、溢洪道、边坡等不同工程建筑物,通过工艺过程、业务流程和管理程序,体现了智能建造活动与工程结构紧密关联的内在关系。

右侧 C 区是智能建造的管理活动,由 i-要素、i-管理程序、i-支撑体系构成。i-要素是要实现基于位置的实时动态管理,如建筑市场管理系统、人员定位及其轨迹系统、物料全程管理系统、物质核销系统等;i-管理程序由安全、质量、成本、进度等职能管理程序构成,如大坝混凝土单元工程质量验收需要履行的施工单位三检程序和监理验收程序;i-支撑体系是金沙江水电工程建设管理的九大支撑体系,通过科研管理实现产学研用协同创新,通过资金流封闭管理实现工程结算及工程投融资体系的对接。下部区域即 D 区的 4 类数据构成了DIM 的数据组成与来源。

9. 智能建造工程绩效分析

智能建造核心是将建设全过程人、机、料、法、环生产环节和管理要素互联打通,运用数据统计与数据挖掘技术,结合作业位置与时长、流程各环节时间等信息,动态分析人员与设备绩效、安全与质量行为、计划与实施差异性、变革与优化工程管理模式、建设组织形式、资源配置形式以及业务流程和工序过程等。通过研发感知、传输、分析和控制等智能监控设备,实现关键业务全流程和核心工艺全环节的智能控制,提升工程建设智能控制能力。

(1)质量绩效。智能分析统计原材料、半成品、成品质量合格率,分析引起其质量波动关键环节,提高质量合格率,降低质量控制波动性;运用智能监控终端及智能化控制技术,智能分析混凝土施工各环节消耗时间及环节间有序衔接的制约因素、混凝土温升规律和预警阈值,提升管理效率、降低人为因素、消除管理缺陷;及时、全面、实时掌握工程结构的变形协调规律,构建预控指标体系,实施预警调控,确保工程全生命周期运行安全。

(2)安全绩效。从源头与过程准确识别人的不安全行为、物的不安全状态,快速发现隐患、快速流转、及时闭合,避免各类重大安全事故的发生;基于统计分析模型,确定高风险安全隐患,降低安全隐患发生风险。

(3)成本绩效。跟踪与统计人、机、料的实际投入与真实消耗,基于最小单元部位分析人工、材料、机械设备投入,并与工程概算、企业定额及合同价格对比,从而优化组织结构、资源配置或改进施工工艺,设置激励措施,人尽其才、物尽其用,达到工程成本最优。

(4)流程绩效。以工艺过程、业务流程和管理程序的数字化为基础,监控业务流程运转的每一个关联点,分析其流转制约因素,构建多、快、好、省、稳的业务流转考核体系,疏通建设过程中业务流转经络,提高流转效率,降低管理成本。

(5)进度绩效。持续优化施工组织过程,提出最优的施工进度方案、最合适的资源配置方案和施工措施,有效协调好各专业间交叉问题,规避外界环境影响,避免异常停工,加强变更管理,确保工程有序建设,如期投用。

9.2　淮河干流大别山水利枢纽工程案例

9.2.1　工程概况

大别山革命老区引淮供水灌溉工程总投资 50.26 亿元,总工期 48 个月,是国务院确定的 172 项节水供水重大水利工程之一,并将该工程列入国家农村水利重点建设任务,也是习近平总书记视察河南深入信阳革命老区后第一个落地实施的重大水利项目。工程整体建成后,将进一步完善革命老区水资源综合利用工程体系,解决沿淮 103 万群众生产生活用水问题,同时惠及 36 万亩农田灌溉,对践行习近平总书记“要把革命老区建设得更好,让老区人民过上更好生活”的殷切嘱托,加快大别山革命老区振兴发展具有重要而深远的意义。

其中枢纽工程位于淮河干流(图 9.11),正常蓄水位 39.2m,蓄水库容 1.2 亿 m^3,是本工程施工重点,具有工期紧、施工管理难度大、质量控制严格、安全文明环保施工要求高、导截流难度大、人员管理难度大等问题。

9.2.2　建造智能化管理技术体系

1.建造智能化管理技术体系硬件及软件基础

硬件类别包括台式工作站、移动工作站、LED 智慧屏、无人机、物联网硬件等;软件类别包括 Revit、Civil 3D、Navisworks、Dynamo、3DMax、Lumion 等。详见图 9.12。

2.建造智能化技术体系应用场景

本项目位于淮河干流,防洪度汛压力大,导截流难度大,施工工期紧迫,涉及的施工导流、排水及地方交通临时改道等施工内容多、施工协调难度大、质量控制严格、安全文明环保

图 9.11　淮河干流水利枢纽工程

序号	公司	软硬件名称	作用	备注
1	Autodesk	Revit	枢纽建模、分仓设计、工程量统计等	
2		Dynamo	可视化编程	
3		Civil 3D	三维地形建立与挖填处理	
4		Navisworks	施工进度4D模拟、碰撞检测	
5		3D Max	施工方案模拟动画、漫游	
6	广联达	Bimmake	三维场地布置规划	
7	自主开发	劳务管理系统	劳务人员实名制、考勤、工资发放等	含闸机等硬件
8		质量验评系统	线上进行工序、单元、分部等验收流程	
9		施工日志系统	每日线上进行进度、资源等信息录入	
10		物料验收系统	智能过磅、车辆识别，实现对现场离散物料的管理	含地磅等硬件
11		塔式起重机监测系统	塔式起重机安全监测与自动预警	含传感器等硬件
12		视频监控系统	安全与进度监控、远程诊断	含摄像头等硬件
13		智慧拌和楼系统	智能拌和混凝土，节约人员投入	含相关硬件
14	南方测绘科技	南方RTK银河6	三维坐标测量	
15	纵横大鹏无人机	纵横CW-20垂直起降固定翼无人机	无人机航拍	
16	武汉讯图科技	天工.GodWork-AT	航测影像空三解算、影像纠正	
17	武汉航天远景	航天远景MapMatrix	生成立体影像、生产数字线划地图	
18	暂缺	VR安全培训	VR安全培训	
19	戴尔	固定工作站	建模、系统应用等	
20		移动工作站	建模、系统应用、会议汇报等	

图 9.12　软硬件配置类别

施工要求高。通过 BIM 技术融合物联网、大数据、云计算、智能测绘等技术应用，打造"数字工地"，用可视化的形式辅助解决导截流方案设计、异形复杂部位工程精确计量、合理安排施工进度、测绘放样等难题，使施工过程管理智慧化、数字化。

　　通过"BIM＋"等数字技术的成功应用，大别山引淮供水灌溉工程实现了"人、机、料、法、环"全要素,进度、成本、质量、安全全方位的精细化管控。主要成效有:合理的进度计划编排和资源配置,仅用72d的时间,完成了184980m³枢纽工程主体混凝土施工,保证了工期和防洪度汛要求;水利水电工程BIM建模及应用人才数量、质量显著提升;工程量统计、成本管控更加精确;现场测绘、生产进度、质量验评、安全管理、混凝土拌和更加智慧;参建各方、政府部门沟通更加高效。

9.2.3　建造智能化管理技术应用

基于"BIM+"技术,自主建立建模标准并开展可视化编程研究,创新水利工程施工深化设计,实施测绘新技术与BIM一体化研究,自主开发水利工程质量验评、施工日志、劳务人员管理等系统,全方位辅助项目精细化管控。BIM应用内容及流程如图9.13所示。

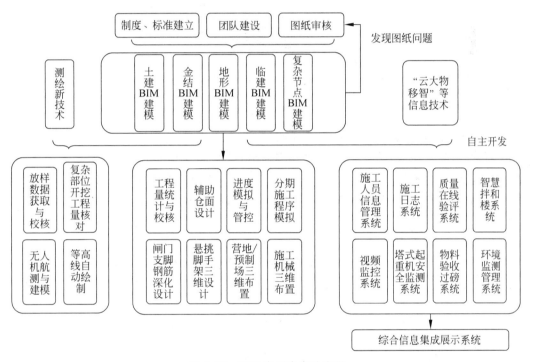

图 9.13　BIM 应用内容及流程

1. 水利工程建模与可视化编程研究

1) 编制《水利水电工程建模与计量标准》

中国葛洲坝集团三峡建设公司经过乌东德、白鹤滩水电站等大型工程BIM应用实践,在水利水电工程建模及计量中积累了丰富经验,自主制定《水利水电工程建模与计量标准》(简称《标准》)。《标准》紧密结合工作需要及《水利水电工程设计工程量计算规定》(SL 328—2005),从大型项目模型拆分原则、项目命名规则、构件命名规则、工程量统计注意事项多方面进行细致规定,使模型建立及工程量统计更加准确,避免建模返工。其中,《标准》规定:为便于工程量统计,建模时应参考表中项目建立。例如,普通混凝土与二期混凝土、水下混凝土应分开建立。工程量统计时,严格按照清单项目分类统计,如平洞开挖和斜洞开挖应分开。

2）BIM 精细建模

枢纽下部为水闸结构，上部为仿古建筑结构，如图 9.14 所示。Autodesk CAD 在仿古建筑建模方面存在不足，而 Revit 在模型剖分方面同样存在缺陷。为避免不同软件间转换格式时模型变形，同时便于后续工程量提取、关键节点钢筋布置，经综合考虑最终选择使用 Revit 建模。三维地形采用 Civil 3D 建模。建模时对不同材质的部位严格区分，比如混凝土垫层、碎石垫层、截渗墙、灌注桩、闸室底板、墩墙全部分开建模，并附以材质属性。

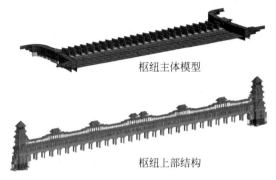

枢纽主体模型

枢纽上部结构

图 9.14　BIM 精细建模

3）自主开发模型自动剖切可视化程序

为满足后续工程量分层统计及进度模拟需求，需对模型进行二次剖切。根据项目提供的分层图、分块图和进度计划细化成果。利用 Dynamo 可视化编程软件自主开发程序，使模型自动分层剖切，并另存为相应的分层名的族文件，再重新载入项目中，最终完成模型分层分块共 927 块。

4）工程量统计与校核

桥头堡和启闭机房属于仿古建筑，屋顶为曲面异形构造，传统的二维软件无法满足施工要求，通过 BIM 进行三维建模、参数化控制，可实现可视化交底，且快速准确地统计工程量。

2. 基于 BIM 的水利水电工程 5D 虚拟建造

1）闸室及岸翼墙施工模拟

采用 Navisworks 软件做进度模拟大多用于建筑工程，三峡建设公司通过一系列自主研发，并在乌东德、白鹤滩、叶巴滩等水电站项目实践，成熟掌握水利水电工程施工进度 5D 模拟方法。在大别山枢纽进度模拟中，通过进度细化，发现 14 处问题，同时发现翼墙相邻坝段高差过大的问题，经反复模拟后（图 9.15），提出科学合理的解决方案，并汇总形成《施工进度 5D 模拟报告》。基于合理的施工进度安排，项目圆满完成 72d 内浇筑 18.5 万 m^3 混凝土的目标，保证了工期和度汛要求。

2）海漫进度优化

海漫分为 3 排共 82 块，进度需兼顾上游消力池的进度，采用跳仓浇筑方法，同时要合理预留施工通道（图 9.16）。对海漫施工反复进行 4D 进度模拟演示，可直观地查看进度计划的合理性以及施工通道预留情况，最终确定细化至每一块的施工进度计划，共持续 35d，保证了总体施工进度。

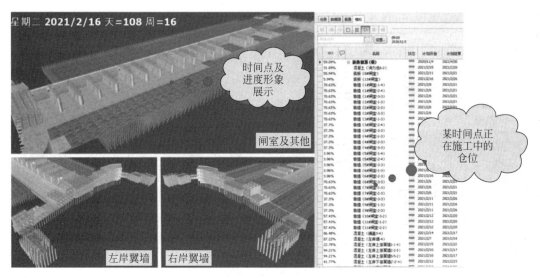

图 9.15 闸室及岸翼墙施工进度 5D 模拟

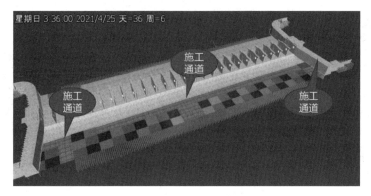

图 9.16 海漫进度优化

3. 基于 BIM 的水利工程施工深化设计

1) 基于 BIM 的施工仓面设计

利用三峡建设公司已授权的发明专利"一种 BIM 辅助大坝仓面设计的方法"(CN106326588A),对枢纽进行分层分仓设计,对每一仓模型赋予所在坝段、高程、浇筑层高、混凝土强度、体积、施工进度等信息,辅助施工仓面设计。

2) 分期施工程序模拟

枢纽施工防洪度汛压力大,须合理安排导截流和分期施工方案。对其进行仿真模拟,以可视化的方式展示导截流方案及各阶段的施工内容,最终确定三期导流施工方案(图 9.17)。

3) 弧形闸门支铰钢筋与埋件碰撞检测及调整

制闸弧形闸门支铰部位钢筋、金属埋件较为密集(图 9.18),对此部位进行精细的钢筋和埋件建模,检查碰撞并予以调整,避免返工。

导流明渠施工完成实景　　第一年非汛期在右岸挖导流明渠，主河道内填筑一期围堰，进行节制闸施工

第二年汛前拆除一期围堰，汛期利用节制闸过流　　第二年非汛前修筑二期围堰，进行闸门和电气设备安装等施工，仍利用明渠导流　　后期拆除二期围堰，填筑三期围堰封闭导流明渠，施工鱼道及连接堤工程

图 9.17　分期施工程序模拟

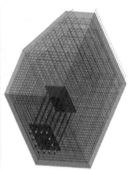

图 9.18　弧形闸门支铰钢筋模型

4）汛期施工吊挂排架三维设计

根据施工规划，检修门门槽及工作门门槽二期混凝土采用搭设落地式操作排架施工，排架放置在闸室底板上。但结合现场施工进度，为减少工序相互交叉干扰，确保总体施工进度，保证施工安全，特用三维方法设计吊挂排架作为操作平台，并进行安全验算，确定排架材料规格和间距，自动输出材料表和二维平面图（图 9.19）。

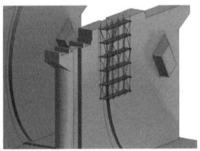

图 9.19　施工吊挂排架模型

5）生活/施工场地三维布置

对办公生活区、预制场、钢筋加工厂、综合加工厂、施工机械进行三维布置（图9.20），合理规划各场地、道路，自动测算场地分配面积和临建设施工程量。

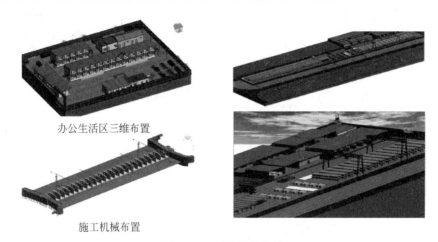

图9.20　三维场地布置

4. 测绘新技术与 BIM 一体化研究

1）BIM+无人机三维地形建模技术

地形测绘采用无人机航测技术，合理进行航线规划，减少航测影像数量，获得地形点云数据，将点云导入 Civil 3D 中建立曲面模型（图9.21）。无人机航测优点有：根据工程项目特点，应用卫星地图资料准备航飞区域的 KML 地理数据文件，按精度要求进行航线规划、选择适合的航拍模式，减少了无人机航测影像数量，提升作业效率，减少人员投入。

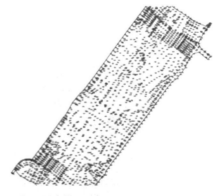

图9.21　BIM+无人机三维地形建模

2）辅助土石方挖填计量

岸翼墙边坡开挖复杂，土方开挖量和水泥土回填量手工计算极其困难，建立开挖模型后（图9.22），软件可自动根据放坡和原始地形自动计算开挖量及回填量，与设计工程量核对，确保准确性。

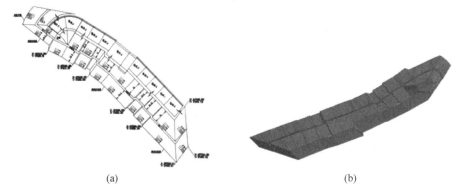

彩图 9.22

(a)   (b)

图 9.22 岸翼墙边坡开挖模型

(a) 岸翼墙边坡开挖平面图；(b) Civil 3D 处理的三维开挖地形

3) BIM 辅助精准放样

建立结构复杂的异形开挖边坡和异形建筑物 BIM 模型(图 9.23)，将其置于工程标准坐标系中，利用 Dynamo 可视化编程软件自主开发程序，自动输出任意放样点位的编号及三维放样单，导出对应的坐标数据，以供放样和质量检验，节约大量放样计算工作，避免超浇、超挖、超填。

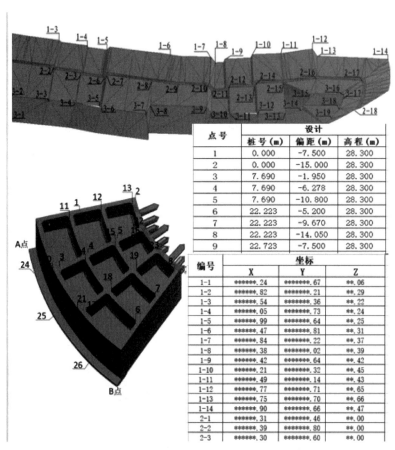

点号	设计		
	桩号(m)	偏距(m)	高程(m)
1	0.000	-7.500	28.300
2	0.000	-15.000	28.300
3	7.690	-1.950	28.300
4	7.690	-6.278	28.300
5	7.690	-10.800	28.300
6	22.223	-5.200	28.300
7	22.223	-9.670	28.300
8	22.223	-14.050	28.300
9	22.723	-7.500	28.300

编号	坐标		
	X	Y	Z
1-1	******.24	******.67	**.06
1-2	******.82	******.21	**.29
1-3	******.54	******.36	**.22
1-4	******.05	******.73	**.24
1-5	******.99	******.64	**.25
1-6	******.47	******.81	**.31
1-7	******.84	******.22	**.37
1-8	******.38	******.02	**.39
1-9	******.42	******.64	**.42
1-10	******.21	******.32	**.45
1-11	******.49	******.14	**.65
1-12	******.77	******.71	**.65
1-13	******.75	******.70	**.66
1-14	******.90	******.66	**.47
2-1	******.31	******.46	**.00
2-2	******.39	******.80	**.00
2-3	******.30	******.60	**.00

图 9.23 异形开挖边坡和异形建筑物 BIM 模型

5.自主开发基于 BIM 的智能建造管理平台

针对水利工程特色自主开发综合管理系统平台,利用移动互联网、物联网、编码、智能接口等技术建立施工现场人力、车辆、日志、环境等数字化管控,实施规范化、精细化管理。平台将 BIM 模型轻量化处理,所有员工均可在网页端极速浏览,实时查询模型信息;平台将模型与录入的施工日志、质量验评数据和资料链接,展现实时施工进度、质量验收等情况。

1)施工人员信息管理系统

研发采用人脸识别、二维码等算法技术,实现工程施工人员进退场大数据台账,对进场人员基本信息、生物特征、培训信息、工种信息、合同信息、健康信息、保险信息等进行集中管理,便于考勤管理和人员施工过程中的行为管理,确保农民工工资的发放,保障高效施工和施工安全。

2)“互联网+”电子施工日志

运用“互联网+”理念,实现现场一线技术人员日志即时填、即时报、即时批、即时查,通过网络技术,将工地和远程管理者无缝连接,为实现建设项目的精细化管理提供及时、准确的第一手资料。

3)质量在线验评管理系统

研发了基于移动互联、离线存储等信息技术,将工程质量管理业务与流程相结合,实现了施工作业现场质量验收评定过程的数字化管理,同时也实现了质量验收评定结果与评定依据在建设各方、政府监管机构间的有序共享,它的应用将有效地提高现场质量管理工作的效率和规范性,确保质量管理制度的严格落实和执行,为工程建设质量的提升、安全的运行提供了强有力的保障。同时也解放了传统纸质表单填写审批流程,实现了工地现场在线填报、审批、归档一站式服务,提高了质量评定效率,节约了工程过程评定时间。

4)AI 智能视频分析技术

项目研发了基于工程场景的视频影像 AI 决策算法,应用于工程可视化监控系统,有效地弥补了传统方法和技术在监管中的缺陷,实现了对人员、机械、材料、环境的全方位实时监控;真正做到事前预警,事中常态检测,事后规范管理;较大程度地降低了工地安全事故发生概率,助力工地智能化管理。

第10章

工程项目碳排放智能化管理平台应用

为了应对日益严峻的气候变化和全球变暖,科学地管理碳排放,可降低气候风险、维护生态平衡,促进可持续发展。碳排放管理也符合国际社会对环境可持续性的共同呼吁,是全球应对气候变化的必要举措,为创造更清洁、健康的地球环境发挥着关键作用。

随着计算机技术、互联网技术、物联网技术的发展,工程项目碳排放智能化管理平台具有多重优势。首先,实时监测和分析碳排放数据,提高了管理的精准性和及时性。其次,通过数据智能化处理,提供全面的碳排放清单,有助于精细化管理和减排策略的制定。此外,平台可以优化资源利用,提高生产效率,降低能源成本。智能化的数据分析和预测功能使工程项目能够更灵活地应对市场和法规的变化。最重要的是,采用碳排放智能化管理平台不仅有助于项目履行社会责任,还为其赢得环保形象和市场竞争优势提供了有力支持。

10.1 深圳市自贸时代中心项目碳数据监测管理平台案例

10.1.1 工程概况

自贸时代中心项目位于深圳市南山区前海自贸区。规划重点放在"减体量、增绿色、平职住、强配套、畅交通"等方面。自贸时代中心紧邻妈湾地铁站,地下二层与妈湾地铁站厅层连通。项目浓缩了多种元素,突破建筑与城市语境之间的传统界限,落成后不仅仅是一座大楼、一组建筑,还将会是一座"微缩城市"(图10.1)。

项目建设用地总面积约 3.5 万 m^2,地下 4 层,深约 21m。T1 与 T2 塔楼在 34~36 层间设有高空连廊,高约 157m,跨度约 36m。项目追求环境保护、绿色施工目标,创建广东省绿色施工示范工程,打造 LEED 三星绿色建筑,同时满足广东省建设工程优质奖、中国钢结构金奖、中国建筑工程鲁班奖的质量目标,满足 AAA 级国家安全文明标准化工地的安全目标,满足模型精度达到 LOD500 的 BIM 及智慧建造管理目标。

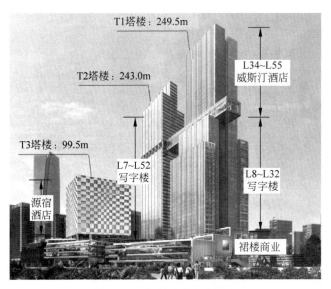

图 10.1　自贸时代中心概念

为打造智慧工地示范工程,项目采用"1 个理念、2 个目标、4 个要求、9 个场景"(图 10.2)的应用模式,通过构建智慧建造技术平台、BIM 综合应用、施工现场应用和数据集成应用,依托 5G、AI、AR 和 BIM 等新技术和现场多类型的物联监测感知体系,切实提升施工现场管理细度和质量,推进智慧工地的落地。

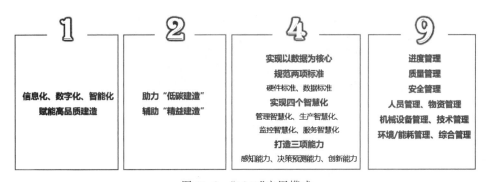

图 10.2　"1249"应用模式

为深入贯彻落实习近平总书记关于碳达峰和碳中和的系列重要讲话精神,响应国家"双碳"政策和要求,结合中建集团"算数据、建平台、定配额、构碳圈"的 2025 年核心目标,中建一局发布《绿色低碳业务专项发展规划》,先行先试,研发碳数据监测管理平台,启动碳排放数据监测与摸排,平台界面如图 10.3 所示。

10.1.2　平台功能

平台的碳排放数据实时监测和统计分析分为局级、公司级和项目级三个层级,平台目前基本覆盖了整个局级的界面(图 10.4),还有区域分局、子企业、在建项目。

彩图 10.3

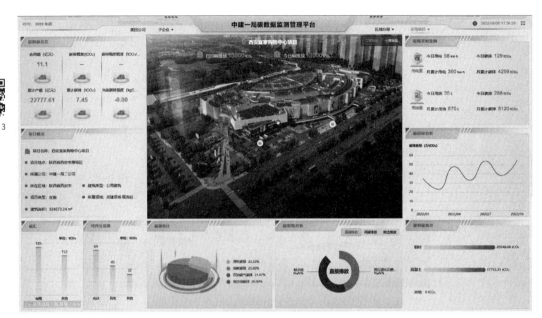

图 10.3　碳数据监测管理平台界面

彩图 10.4

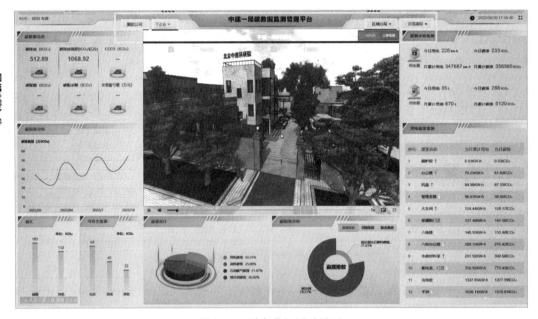

图 10.4　平台分级展示界面

　　平台的碳排放数据实时监测和统计分析包括原材料(隐含碳①排放)、施工建造和建筑运维三个维度,实时采集和展示(图 10.5)。原材料包括其隐含碳排放数据、建筑建设各个

---

　　① 隐含碳(embodied carbon):最初定义是从原材料获取和最终产品产出的整个生产过程中所有直接和间接排放的碳量。建筑界的隐含碳是指建筑材料制造、运输、安装、维护和处置过程中产生的含碳的温室气体排放量。总而言之,隐含碳指的是一栋建筑在投入使用之前的碳足迹。碳足迹指企业机构、活动、产品或个人通过交通运输、食品生产和消费以及各类生产过程等引起的温室气体排放的集合。

分部分项工程的施工进度消耗的各种能源量及对应的碳排放强度、施工现场不同区域碳排放量,从而实现建筑行业从原材料采购到后期运营管理的全生命周期碳排放数据管理。

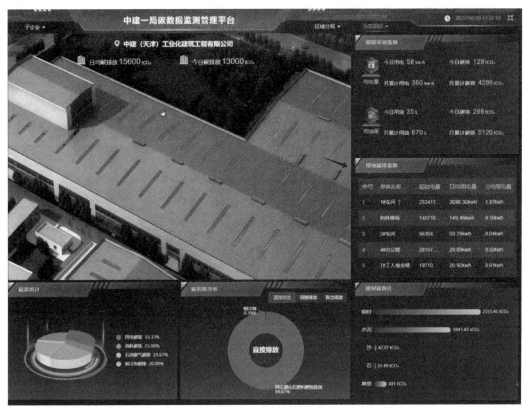

彩图 10.5

图 10.5　建材、施工碳排放数据实时监测界面

该平台涵盖了施工项目、自持物业、构件工厂等多种业态[①],结合国家碳排放因子库标准[②],创新地对建造阶段碳排放进行更精准的统计和评价,建立适用工程建设行业的碳排放统计算法。全方位服务建筑业不同业态、不同区域、不同层级下的碳数据监测管理,同时结合碳排放指标与碳绩效管理,为未来碳交易要素提前做好相关碳数据准备工作。

10.1.3　核心技术

该碳数据监测平台在技术创新方面,采用物联网、云计算、区块链等新兴信息技术,对工程项目过程中的碳排放数据进行监测、计算及存证。

1. 传感器技术

物联网技术是通过信息传感设备,按约定的协议,将任何物体与网络连接,物体通过信息传播媒介进行信息交换和通信,以实现智能化识别、定位、跟踪、监管等功能。传感器技术

---

① 业态:业务经营的形式、状态。
② 碳排放因子:指每一种能源燃烧或使用过程中单位能源所产生的碳排放数量。

是物联网技术应用中的关键技术。绝大部分计算机处理的都是数字信号。自从有计算机以来就需要传感器把模拟信号转换成数字信号计算机才能处理。

平台采用智能电表和自主研发的施工机械碳排放监测设备等物联网技术。在施工项目现场,通过安装电表、水表等智能设备(图10.6),可以实时定量地展示建筑施工过程中施工现场二氧化碳排放量,承担着原始电能数据采集、计量和传输的任务,是实现信息集成、分析优化和信息展现的基础。自主研发的施工机械碳排放振动监测设备(图10.7),通过振动的频率,进一步了解设备运营情况,准确记录设备的碳排放量。

图 10.6　施工现场智能电表

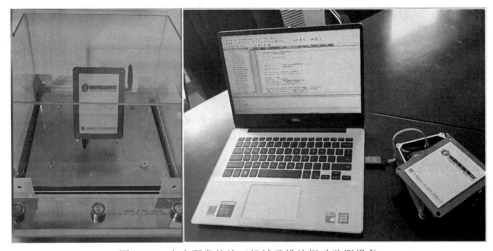

图 10.7　自主研发的施工机械碳排放振动监测设备

通过该技术实现建造和运维阶段碳排放数据的实时监测和可信采集。数据的意义在于未来会对同一类产品能耗进行数据对比,在将来的减碳计量考核中会有相应的数据依据(图10.8)。

2. 云计算技术

云计算技术是一种通过网络统一组织和灵活调用各种网络存储和计算资源,以实现大规模计算与信息处理的技术。在收集了数据之后,数据处理的能力也十分关键,平台采用云计算技术,对实时获取的碳数据进行计算与分析,云计算技术为多层级碳排放数据管理提供支撑,通过平台的综合实时分析研判,制定企业低碳管理策略(图10.9)。

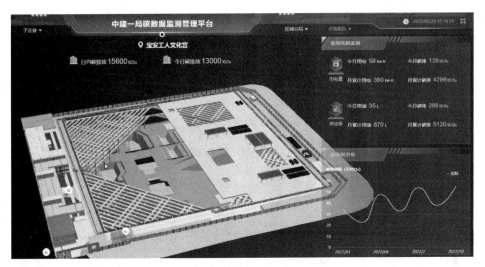

彩图 10.8

图 10.8　碳排放数据实时监测界面

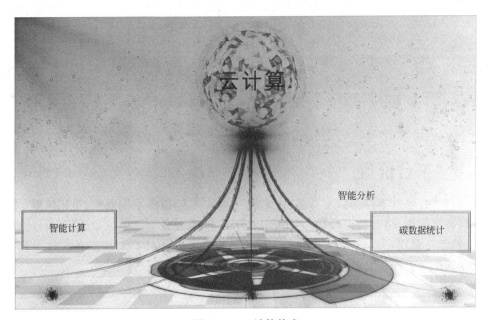

图 10.9　云计算技术

3. 区块链技术

区块链技术是利用块链式数据结构验证与存储数据,利用分布式节点共识算法生成和更新数据,利用密码学的方式保证数据传输和访问的安全,利用由自动化脚本代码组成的智能合约,编程和操作数据的全新分布式基础架构与计算范式。

研究人员按照国家标准开发出一套碳排放数据收集系统,将其植入平台软件中,通过区块链技术做到数据准确唯一,关键数据上链存证,分布式存储,保障数据的不可篡改、源头可溯,简化人工核验等流程,降低碳核查成本。

以自贸时代中心项目低碳管理为例,其涉及碳排放数据采集、计算、多维度分析等多个模块,需要深厚的硬件和技术能力。智能规范化动态管理,意味着高效的感知、监测与整合能力,不仅物联网监控系统要接入各类环境感知数据,同时需要通过云计算数据分析来对项目进行评价和上链数据存储管理(图 10.10)。

彩图 10.10

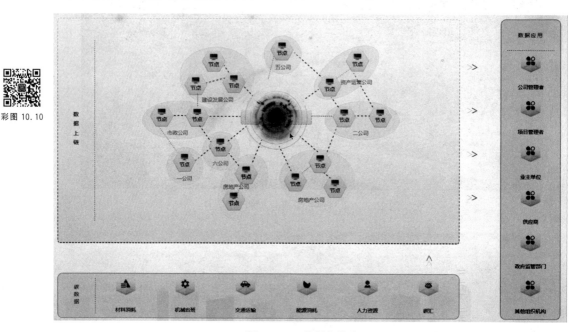

图 10.10　数据存储存证

10.1.4　平台价值

该监测平台以"统筹监测、定点调整"的管理下钻模式,服务不同业态、不同区域、不同层级下的碳数据管理,结合碳排放指标与碳绩效管理,实现对各所属单位及施工项目的碳排放差异化、精细化管理,为未来接入中建集团碳排放监管平台做体系对接准备和技术储备,最终为实现碳配额管理和交易打下良好基础(图 10.11)。

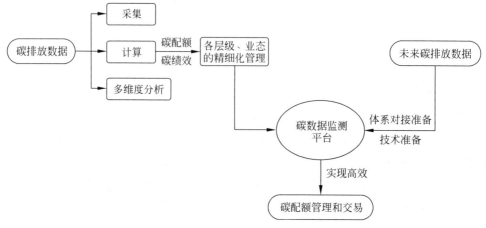

图 10.11　平台价值

目前这项融合可信数据采集和区块链技术的碳数据监测管理平台为行业首创,是中建一局"科技赋能"推动绿色低碳转型升级,履行社会责任,践行央企担当的重要体现(图 10.12)。

图 10.12　平台首创技术

不断完善碳排放管理机制,推进碳排放数据摸排,利用物联网、云计算、区块链等新兴技术,先行先试,在行业内率先研发覆盖全业态、全周期、全层级的碳数据监测管理平台进行碳数据统筹管理,筑牢碳达峰、碳中和的数据基石,推动了建筑业绿色转型升级与"双碳"目标实现。

10.2　深中通道碳数据管控平台案例

10.2.1　工程概况

深中通道项目是世界级的"桥、岛、隧、地下互通"集群工程,是国家"十三五"重大工程和《珠江三角洲地区改革发展规划纲要(2008—2020 年)》确定建设的重大交通基础设施项目,是连接广东自贸区三大片区、沟通珠三角"深莞惠"与"珠中江"两大功能组团的重要交通纽带,是粤东通往粤西乃至大西南的便捷通道(图 10.13)。

图 10.13　深中通道鸟瞰效果

深中通道全长约 24km,设东、西两座人工岛、6.85km 海底隧道(沉管段长 5.03km)、17km 桥梁(含 1666m 主跨伶仃洋大桥、580m 主跨中山大桥)及一座水下互通立交(东人工岛)。2022 年起,广东成立交通运输绿色低碳发展工作领导小组,2023 年又推动印发《广东省交通运输绿色低碳发展纲要》,"智慧＋绿色"成为交通可持续发展的特色路径。深中通道"开创全环节机械化、智能化施工先河",管理中心牵头组织 20 余个国家一流科技攻关团队,历时 4 年攻关,开展了近千组模型试验,建立钢壳混凝土沉管隧道计算理论、设计方法,创新材料和工艺,研发全新装备,成功攻克了项目乃至行业"卡脖子"技术难题,形成了具有自主知识产权的钢壳混凝土沉管隧道建设成套技术和中国标准,填补了国内全产业链空白。

为"打造绿色生态交通,助力可持续发展",研究人员研发复杂工程碳排放管控平台(图 10.14)。该平台实现复杂工程碳排放数据的统计与分析,以推动可持续发展和低碳经济转型。

彩图 10.14

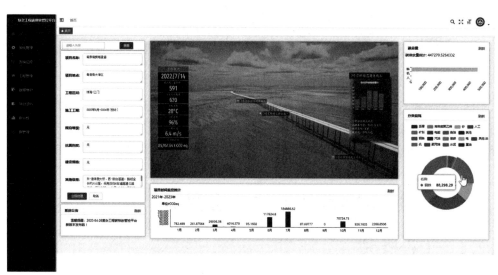

图 10.14　复杂工程碳排放管控平台深中通道项目界面

10.2.2　平台功能

复杂工程碳排放管控平台是一个综合性的系统,旨在统计、管理和控制复杂工程项目(如大型建筑、工业生产、基础设施建设等)的碳排放数据(图 10.15)。平台通过上传项目相关前景数据,可自主识别相关数据并导入后端数据库中,计算得出复杂工程项目中的碳排放结果(图 10.16)。

平台的碳排放数据分析主要针对材料生产、运输以及施工三个阶段,同步统计和展示不同材料、不同运输设备以及不同施工机械的碳排放对比情况,从而评估不同工程环节的碳排放量,识别高碳排放源,并提供数据用于支持决策者制定减排建议。

10.2.3　核心技术

该碳排放管控平台的核心技术涵盖数据分析与处理、碳排放计算模型等技术,对项目的碳数据进行全面储存、分析及管理。

图 10.15　深中通道碳排放管控平台系统架构

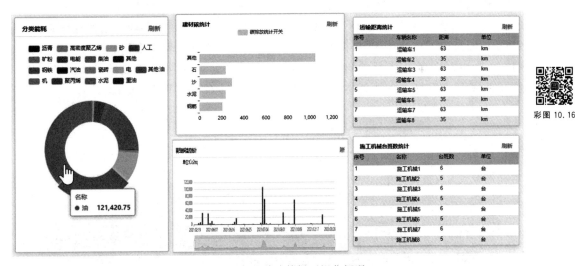

图 10.16　深中通道碳数据可视化概况

1. 数据分析与处理技术

平台需要强大的数据分析和处理能力,以处理大量的碳排放数据。这包括数据清洗、整合、转换和统计分析等技术,为后续生成准确的碳排放报告、趋势分析和预测模型提供数据支持。

2. 碳排放计算模型

平台需要采用全面的碳排放计量方法和模型,以准确计算项目中的碳排放量,将涉及计算目标及范围的确定、能源消耗计量以及碳排放因子的确定等方面。

10.2.4 平台价值

该管控平台的目标是帮助相关部门和企业实现碳排放的有效管控,促进可持续发展,并为应对气候变化提供支持。平台提供了对复杂工程项目碳数据的统计和分析,能够识别高碳排放环节和潜在减排机会,为项目团队提供减排建议和策略。通过优化能源使用、资源配置和施工方案,降低碳排放量,减少对环境的负面影响。

碳排放管控平台通过数据收集、分析和报告,为项目管理人员提供基于事实和数据的决策支持。这有助于制定更有效的减排策略和措施,并评估其对碳排放的影响和效果,提高决策的准确性和可靠性。

10.3 黄茅海跨海通道碳数据管控平台案例

10.3.1 工程概况

黄茅海跨海通道起于广东省珠海市高栏港区,东连港珠澳大桥,西连新台高速并与西部沿海高速相交,止于江门市台山市斗山镇,是大湾区第三条重要跨海通道。它将改变粤西沿海地区与湾区核心区域通道单一的现状,实现大湾区经济发展向粤西和沿海地区辐射;强化和推动珠海横琴自贸片区、高栏港和江门大广海湾经济区的联动发展;与港珠澳大桥、深中通道、南沙大桥、虎门大桥共同组成大湾区跨海跨江通道群,加快形成世界级交通枢纽,构建"一核一带一区"区域发展新格局,让粤港澳大湾区发展更加均衡(图 10.17)。

图 10.17 黄茅海跨海通道鸟瞰效果

黄茅海跨海通道路线全长约 31km,采用双向 6 车道高速公路标准,总用地面积为陆地 1765.7 亩(1 亩≈666.67m²),海域 78.9765hm²。该项目共设置 17 座桥梁,其中技术复杂特大桥 2 座,总长 24430m。为了深入贯彻新发展理念,适度超前加快建设、互联互通综合交通运输体系,重大交通项目取得显著成效,黄茅海跨海通道的建设便是其中的典型。黄茅海跨海通道工程创造性使用木质模板建造混凝土塔,围绕异形主塔的建造,促成了 40 余项关键技术的成熟,仅在 T5 标段发明专利技术达 20 余项。

据了解,黄茅海跨海通道项目 T9 合同段由中交第二公路工程局有限公司承建,项目创新运用"物联网＋大数据"技术,打造了梁场中央控制平台,并采用短线匹配法棚内预制,设置 4 条生产线。自项目进场以来,建设者们通过革新工法工艺、规范生产流程、打造智慧工地,实现了工程建设信息实时采集、互通共享、工作协同、决策分析、风险预控等功能的数字化施工管理,着力打造现代化智能梁场(图 10.18),为预制梁生产提供"智动力"。

图 10.18　智慧梁场

为助力"从源头落实双碳目标,谱写绿色交通崭新篇章",将复杂工程碳排放管控平台应用于黄茅海跨海通道项目(图 10.19),以提高碳排放的透明度、管理效率和减排水平,推动可持续发展和绿色建设。

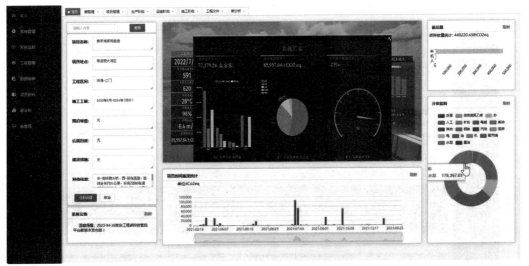

彩图 10.19

图 10.19　复杂工程碳排放管控平台黄茅海跨海通道项目界面

10.3.2 平台功能

复杂工程碳排放管控平台是一个综合性的系统,旨在统计、管理和控制复杂工程项目(如大型建筑、工业生产、基础设施建设等)的碳排放数据。平台提供数据管理和分析功能,对识别到的碳排放数据进行整理、存储和分析(图 10.20),评估不同工程环节的碳排放量,识别高碳排放源,并提供数据支持用于制定减排建议。

彩图 10.20

图 10.20 黄茅海跨海通道项目碳数据管理

平台可以提供碳排放管理的功能,通过制定碳排放指标和目标,生成项目碳排放综合评价,帮助项目管理人员监控碳排放水平(图 10.21)。同时提供碳排放优化的建议和策略(图 10.22),帮助项目团队采取减排措施,降低碳排放量;平台可以整合能源和资源管理,帮助项目团队识别能源效率低下的环节,并提供改进建议。通过优化能源使用和资源配置,可以减少碳排放并提高工程项目的可持续性。

彩图 10.21

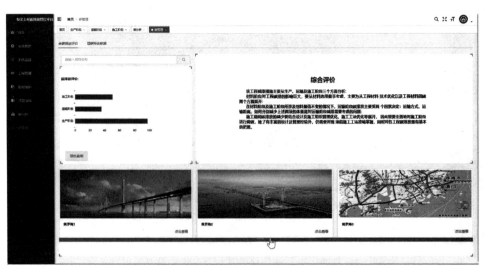

图 10.21 黄茅海跨海通道碳排放评价

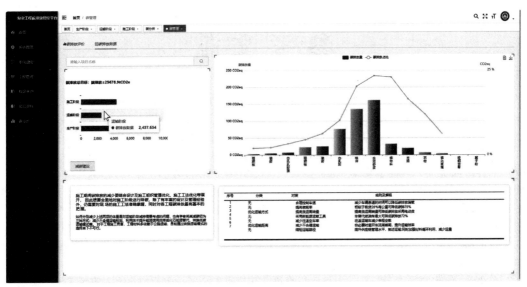

彩图 10.22

图 10.22　平台减排建议和策略界面

同时,平台还具有"碳百科"功能,可以让用户查询碳排放相关指标、绿色案例以及各项减排措施。

10.3.3　核心技术

(1) 人工智能与机器学习技术:平台可以利用人工智能和机器学习技术,对碳排放数据进行智能分析和预测。通过建立模型和算法,可以识别碳排放的模式和趋势,提供减排策略和优化建议。

(2) 数据可视化与用户界面技术:平台需要提供直观友好的用户界面,以便项目管理人员和决策者直观地了解碳排放数据和分析结果。数据可视化技术可以将复杂的数据以图表、图形和地图等形式呈现,帮助用户做出准确的决策。

10.3.4　平台价值

通过管控平台对碳排放进行管理和优化,可以提高复杂工程项目的可持续性。减少碳排放不仅有助于环境保护,还可以提高项目的社会形象和企业声誉,满足可持续发展的要求,符合政府和社会的期望。

同时,有效的碳排放管控可以帮助项目团队识别能源浪费和低效环节,改善能源利用效率,降低能源成本。此外,合规于碳排放法规和标准,减少环境风险和法律责任,降低相关的运营风险。

参 考 文 献

［1］ 樊启祥,强茂山,金和平,等.大型工程建设项目智能化管理[J].水力发电学报,2017,36(2)：9.

［2］ 《中国建筑施工行业信息化发展报告》编委会.建筑施工行业智慧工地应用现状调查与分析——《中国建筑施工行业信息化发展报告(2017)——智慧工地应用与发展》摘编[J].建筑,2017(16)：4.

［3］ 王要武,陶斌辉,柳杨,等.智慧工地理论与应用[M].北京：中国建筑工业出版社,2019.

［4］ 焦营营,张运楚,邵新,等.智慧工地与绿色施工技术[M].徐州：中国矿业大学出版社,2019.

［5］ 刘佳欣.智慧工地体系构建及评价研究[D].南京：东南大学,2020.

［6］ 迟百昊.基于政府视角的智慧工地建设评价研究[D].济南：山东建筑大学,2022.

［7］ 狄家宁,张汉杰,郑纪华.BIM技术在土木工程施工中的应用[J].住宅与房地产,2021(7)：218-219.

［8］ 段国钦,胡敏涛.特大型跨海桥隧工程建设期应急管理需求及对策研究[J].公路交通科技(应用技术版),2014,10(6)：203-207.

［9］ 吴小琴,周诚,骆汉宾,等.智能工地应用价值与功能重要性实证分析[J].土木建筑工程信息技术,2022,14(1)：76-85.

［10］ 陈伟乐,宋神友,金文良,等.深中通道钢壳混凝土沉管隧道智能建造体系策划与实践[J].隧道建设(中英文),2020,40(4)：465-474.

［11］ 陈伟乐.深中通道智能建造[J].中国公路,2019(17)：52-54.